◆ 受国家社会科学基金一般项目资助（12BWW051）

跨学科视野下的男性气质研究

An Interdisciplinary Study
of Masculinities

隋红升 著

ZHEJIANG UNIVERSITY PRESS
浙江大学出版社
·杭州·

目　录

绪　论

　　人类由男人和女人构成。从性别的角度讲，人类分为男性和女性，性别是参悟人性的一个重要维度，因此如果缺乏必要的性别意识，我们对人性的思考是不充分的，是空洞和抽象的。尽管男性与女性在大多数层面上都是相通的，尽管我们已经进入了一个所谓的"性别中立"社会，但两性差异并没有，而且也永远不可能消弭。另外，性别是人类的一种基本身份，正如玛莉安·苏兹曼、艾拉·塔西亚和安·奥瑞里等学者所言，"尽管全世界，尤其是西方世界已经发生了翻天覆地的变化，性别仍然是确定一个人身份最重要的方面……与一个人身份的其他方面相比——种族、国籍、社会阶层、性取向等等——性别仍然是我们身份的最基本内容"①。可见，性别身份是人的基本身份，从出生到死亡伴随人的一生；性别问题也应当是人类的基本问题，渗透生命和生活的方方面面。

　　然而与其他身份问题相比，人类的这一基本问题并没有得到应有的重视，性别身份问题的"重要性在人文学科领域从来缺乏必要的认知空间。尽管古人早已给了'性'与'食'同样重要的地位，它却从来没有像'吃饭'那样光明正大，总在暗处，难见阳光"②。的确，在几千年的人类文明史中，性与性别更多的是一种禁忌性存在，人性和文化的虚伪在性别问题上体现得淋漓尽致，鄙陋的性别体制和习俗所造成的人间惨剧不计其数。虽然当今人类已经过了谈性色变的阶段，但对性与性别问题的认知误区所导致的人格与道德问题还是随处可见，性别启蒙依然任重而道远。

---

① 苏兹曼,塔西亚,奥瑞里.未来男性世界.康赟,等译.北京:首都师范大学出版社,2006:228.
② 李小江.女性/性别的学术问题.济南:山东人民出版社,2005:177.

所幸的是,追求自由、平等、和谐与公正的本性终究不会让人类甘心屈服于任何陋俗陈规,对诸多性别流俗的反思、批判和改良从来就没有停止过,这已经形成了一种思想和政治传统。虽然这些批判和抵制在强大顽固的性别政治和文化面前还比较微弱,还很难左右性别体制和意识形态,但正是这些有识之士的思想和行为不断冲击着性别禁忌,扩展着人类对性别问题认知的边界,慢慢促进了性别意识和文化的改变。既然性别包括男性和女性,那么无论是男性问题还是女性问题,都应当得到充分的重视和关怀。但鉴于女性长期受男权思想和体制束缚与压迫的现状,以往的性别研究是以女权主义或女性主义的形式出现的。尤其在极端的女权主义者看来,男性更多地被看作是凌驾于女性之上的压迫性群体,男性和男性气质的诸多问题遭到了严重的忽略。作为男性研究的核心概念,从 20 世纪 70 年代到现在,男性气质则仅有四十多年的学术史。

第一节　男性气质研究现状简述

可以说,男性气质研究的兴起是人类性别文明进步的需要,也是性别研究自身发展和完善的需要,有着相当大的历史必然性。正因为如此,男性气质作为一个学术专题和研究领域一经确立,积淀已久的学术潜能就得到了充分释放。20 世纪 70 年代,"研究'男性与女性主义''男性的性''男性解放'和'男人问题'的学习小组、讨论班和顾问曾经风行一时。70年代后期,治疗专家以治疗经验为素材撰写的书籍也曾在出版物中独占鳌头"①。男性气质终于从幕后走到台前,成为大众文化和人们现实生活中一个备受关注的热门话题。

在学界,有关男性气质的论文和著作也如雨后春笋般涌现出来,男性气质最终成为诸多学科和研究部门密切关注的热门学术话题。经历了20 世纪五六十年代的酝酿、70 年代的萌芽和兴起、80 年代的全方位探

① 康奈尔.男性气质.柳莉,张文霞,张美川,等译.北京:社会科学文献出版社,2003:288.

索,男性气质在 90 年代获得了里程碑式的突破,成为一个备受世人瞩目的正式学术研究领域,一个男性气质研究的学术共同体已经逐渐形成。在国外学界,以 masculinity、manliness 和 manhood 等男性气质概念为主题词的著作就有数百本之多,相关的论文更是难以胜数。在国内学界,虽然对男性气质话题的关注相对比较迟晚,仅仅有十几年的学术史,但无论从研究文献的发表数量,还是研究的广度和深度上看,都呈现出良好的发展势头。① 同时,随着男性研究的深入展开,男性气质概念已经深入人心,被大多数学者接受,男性气质研究的重要意义也逐渐得到认可。

到目前为止,作为性别研究领域中的核心概念和话题,男性气质已经成为文学、影视文化、新闻传播等学科或领域中的重要研究视角。可以看出,学界对男性气质话题的研究热情有增无减。在文学研究领域,以"男性气质""男性气概""男子气概"为主题词的论文和专著皆有发表和出版,既有个体作家的研究,也有群体作家的研究,为丰富和拓展这一研究领域做出了一定的贡献。然而与美国等西方国家相比,中国的男性气质研究无论在数量方面,还是研究的深度和广度方面,都无法与国际学界形成对话,还存在很大的学术空间。

第二节　存在的问题以及跨学科研究视角的提出

就已有的研究现状来看,当今的男性气质研究无论在学科体系上还是在运思方式和研究方法上,都存在相当多的缺陷。从学科发展的角度上看,存在严重不平衡的现象。社会学在男性气质概念生成和理论建构方面具有绝对的主导地位,甚至可以说是垄断性的地位,而其他学科的学

---

① 根据中国知网的统计,以"男性气质"为主题词的期刊论文和学位论文在 2002 年才开始出现,比美国等西方学界晚了将近 30 年。从论文的发表数量来看,一直到 2009 年每年论文发表量都仅仅是个位数。但 2010 年明显是个转折点,该年论文发表量首次达到了两位数,共有 13 篇论文发表。从 2011 年到 2017 年每年都有 20 多篇论文发表。其中,2017 年是年度发表论文最多的一年,共有 35 篇论文发表。

科优势还远远没有发挥出来,其所获得的研究成果也没有得到应有的重视。尤其在中国学界,R. W. 康奈尔(R. W. Connell)创立的概念和研究范式几乎成了唯一的理论框架,其他学科的研究视角受到严重忽略,其结果不仅不利于男性气质研究全面、深入的发展,无法最大限度地展示男性气质的完整图景,无法辩证性地看待男性气质的是非功过,而且这样的研究成果也很有可能给世人带来误导。事实也确实如此。

受其学科特性和个人文化立场的影响,康奈尔等学者过多地把男性气质与父权制联系在一起,在男性气质研究运思方式方面更多地看重男性气质体系中的权力因素,因而不可避免地陷入了性别政治的窠臼。受这种文化立场和学术态度的影响,康奈尔等学者对男性气质一边倒地诟病和批判,而看不到男性气质,尤其是男性气概或男子气概等传统男性气质思想中的正面积极的东西。在概念类型方面,男性气质社会学研究过多局限于现代男性气质的研究,忽略了男性气概或男子气概等传统男性气质概念的研究,没有意识到男性气概或男子气概与现代男性气质之间本来就具有割舍不断的亲缘关系,从而斩断了现代男性气质的历史和文化根源,使之成为无源之水,导致男性气质整体研究体系的残缺不全。从价值判断来看,这也严重低估了男性气概或男子气概传统观念对当下人们思想和行为依然存在的严重影响,因而在对之进行引导和改造方面没有太大作为,其反复强调的两性平等和性别公正也没有太大的感召力,这也是本书把男性气概和男子气概等传统男性气质概念纳入研究视野的一个重要原因。

然而当我们跳出社会学男性气质研究的文化立场和运思方式,不再局限于这一学科视角,而是在更为广阔的学科背景下审视男性气质时就会发现,权力仅仅是男性气质的一个层面的因素而已,男性气质——尤其是男性气概或男子气概等传统男性气质——也并非总是作为父权制的同谋出现,而是更多地强调男性的内在精神品质、美德及其在家庭和社会中各种责任的担当,这对个体的成长和社会发展有着很多正面积极的意义和价值。另外,从男性气质这一学术概念的性质来看,男性气质不仅涉及权力秩序、性别政治、性别心理、身体和生理等问题,而且还涉及历史、文化、社会习俗、伦理和道德等问题，因而是一个典型的跨学科学术话题。这也在很大程度上决定了任何一个学科都无法展现男性气质这一文化命题和学术概念的完整图景。实际上，心理学、人类学、政治哲学、历史文化学、传媒学，甚至体育学等领域都开辟了对男性气质的研究，而且对这一文化命题和学术概念的深化和拓展都做出了相当大的贡献。

遗憾的是，由于受先入为主的康奈尔男性气质研究理念的影响，对于以上学科领域中的男性气质研究成果，国内学界并没有给予足够的重视，这也在一定程度上成为造成当下男性气质研究不够全面、缺乏整体视域、缺乏对话性和可持续性的一个主要原因。这在客观上要求我们不能过多地受限于某个学科，更不能有学科偏见，而是要打破学科壁垒，实现多学科的合作与融合，才不至于失之偏颇。这也要求我们首先要对以上学科领域重要学者的代表性著作进行"理论细读"，以便于全面把握他们的学术思想。有鉴于此，本书将对在男性气质研究方面颇具影响力的几个重要领域的代表性学者学术专著中的主要思想进行归纳梳理和比较，力求为世人提供一个较为完整的男性气质图景。

需要说明的是，在概念的选用方面，本书的主题词是"男性气质"，但在各个具体章节中根据需要还用到了"男性气概"和"男子气概"这两个概念。关于这三个概念的联系和区别，国内学界已有过相当多的关注，笔者之前也曾专门撰文对之进行辨析[①]。但由于外来概念在翻译上的非对等性以及不同学科在概念选用方面的差异，我们在概念理解和使用过程中难免还会出现误解和分歧，这几个概念依然存在值得我们深入探究的空间，以下两个方面尤其值得注意。

一方面，要意识到中西概念术语的差异以及男性气质、男性气概、男子气概作为正式学术概念的局限性。作为学术概念，男性气质、男性气概和男子气概是由 masculinity、manliness 和 manhood 等英文概念翻译而来的，而这三个英文概念之间的关系却非常复杂，相互之间的界限也并非

---

① 　参看论文：(a)隋红升.西方文论关键词：男性气概.外国文学，2015(5)：119-131.
(b)隋红升.男性气概与男性气质：男性研究中的两个易混概念辨析.文艺理论研究，2016(2)：61-69.

总是泾渭分明。另外,不同的学者对这些概念有着不同的态度和使用方式,有的比较随意,有的比较严谨。在一些学者的文献中,它们之间是同意互换的关系,甚至都可以翻译成"男性气质""男性气概"或"男子气概";而在另一些学者的文献中,它们之间则又有着微妙的差异,如果看不到这些差异,把它们统一翻译成"男性气质""男性气概"或"男子气概",则会出现严重的不准确性。因此我们不仅要注意这些概念之间的差异,而且还要注意同一概念在不同语境下的不同意义。

另一方面,由于研究的目标和导向的差异以及文化立场和学术态度的不同,不同的学科在这几个概念的使用方面不尽一致,这也无形中增加了这三个概念辨析的难度。但总体来看,社会学倾向于使用"男性气质"(masculinity),人类学和文化学倾向于使用"男子气概"(manhood),而政治哲学则倾向于使用"男性气概"(manliness),这也是本书在探究不同学科的男性研究成果时既用到了"男性气质",也用到了"男性气概"和"男子气概"的主要原因。这不仅体现了对这些学科领域的初始概念选择的尊重,而且也有利于我们审视不同学科男性研究的学科特性和学术贡献。如果无视这些学科差异而统一使用"男性气质",反而会削足适履,将会带来严重的不准确性。另外,作为一本跨学科的男性气质研究专著,尊重和保留不同学科所使用的具体男性气质概念,更是理所当然。

除了在翻译和使用这些概念的过程中要注意这些概念之间的差异性之外,我们的研究还要有整体意识,把这些概念统筹在一种研究体系之中,使之更具体系性和逻辑性。同时我们还必须注意到,虽然不同的学科在男性气质的概念选择上有所侧重,但实际上"男性气质""男性气概"和"男子气概"等概念贯穿于所有学科之中,这也要求我们在概念的译介和使用过程中要根据具体语境使用不同的概念。

在本书中,"男性气质"这一概念在不同的语境中有不同的指涉和内涵。标题中的"男性气质"是统领这一研究领域的总体概念,是本书的主题词。一方面,从学科发展的角度看,"男性气质"是"男性气质研究"(masculinity studies)作为一个学术领域创立时所使用的统领性学术概念,代表的是一个研究领域,其他的"男性气概"或"男子气概"研究则应当是这一研究领域的分支或组成部分。另一方面，"男性气质"这一学术概念的内涵和外延涉及内容非常广泛，不仅涉及男性的性别气质、性别角色、性别规范和社会对男性的性别期待，而且还涉及性别秩序、性别伦理和道德以及权力、身体、财富和性等种种议题，大大超出了人们对男人特性的常识性理解，也超出了"男性气概"或"男子气概"的语义范畴。因此，把"男性气质"这一宽泛的概念作为本书的主题词更具包容性和涵盖性，它不仅涵盖了社会学的男性气质研究，而且还可以把"男性气概"和"男子气概"的相关研究成果纳入其中。

与"男性气质"相比，"男性气概"和"男子气概"的语义则相对比较明晰和集中，更侧重男性的人格尊严，更强调勇敢坚强、自信自律、责任担当等品德和能力，更强调男性的内在精神品质和美德。因此，在具体的概念译介和使用过程中，要根据具体语境进行翻译和使用，力求准确，这也是本书在概念的翻译和使用过程中所遵循的原则。

第三节　基本思路和研究内容

与很多学术话题有所不同，男性气质自从进入学术研究视野那天起就是一个跨学科或多学科的研究话题，得到了来自心理学、人类学、历史学和社会学等学科领域的诸多学者的关注。根据康奈尔的考察，"20 世纪有三种主要的男性气质学。（第）一种基于由治疗专家所获得的医疗知识，它的主导思想来自弗洛伊德的理论。第二种基于社会心理学，它以极为流行的'性角色'观点为中心。第三种涉及人类学、历史学和社会学的最新发展"①。有鉴于此，我们对这一话题的研究就不能在一个学科体系中展开，而是要根据这一话题的学术特性，在跨学科的视野下，通过细致考察男性气质话题研究方面几个颇具影响力的学科领域代表性著作，才能对这一话题的概念属性和文化思想内涵获得准确、深入、系统和全景式的把握。全书主体部分共有六章。

_____

① 康奈尔.男性气质.柳莉，张文霞，张美川，等译.北京：社会科学文献出版社，2003：9.

　　第一章探讨社会学领域中的男性气质研究,主要对该学科男性气质研究领军人物康奈尔及其代表作《男性气质》(*Masculinities*,1995,2005)所提出的重要概念和学术思想进行归纳和梳理,以便对男性气质研究的一些基本命题和概念获得较为系统的把握。虽然在康奈尔之前学界对男性气质已经有了一定的研究,但真正把男性气质作为一个正式学术概念和专题进行正面系统研究的则是康奈尔。无论"支配性男性气质"和"性别结构四重模型"的提出,还是四种男性气质模式的划分,都为男性气质作为一个正式研究领域和学术概念的确立做出了突出的贡献。因此,把康奈尔的男性气质社会学研究当作本书的出发点和参照系是较为恰当的。在概念选用方面,我们也顺理成章地使用了社会学男性研究所惯用的"男性气质"概念。正如前文所言,以康奈尔为代表的社会学学者在男性研究过程中更加关注男人特性中的权力、财富和身体等诸多外在因素,已经远非"男性气概"或"男子气概"等男人特性概念所能涵盖。在这种情况下,用语义更为宽泛中性、更具容纳力,也更缺乏道德属性和精神内核的男性气质概念显然更为贴切。

　　第二章探讨文化人类学领域中的男子气概研究,重点对该领域代表学者大卫·D. 吉尔默(David D. Gilmore)的力作《形构中的男子气概:男性气质的文化观念》(*Manhood in the Making*:*Cultural Concepts of Masculinity*,1990)进行考察,审视男子气概在全球范围内存在的文化基础,探究其在人类生存和发展中所起到的历史作用以及在现实生活中所具有的社会价值。在概念选择方面,之所以选用了"男子气概"这一传统男性气质概念,首先是因为吉尔默这本专著中所使用的主题词 manhood 更为口语化,更具坊间文化味道,在语体上与汉语中的"男子气概"比较接近。其次,在价值取向和思想内涵方面,该专著所偏重的人格尊严以及勇敢坚定、顽强自律等男性美德也恰恰是男子气概这一传统男性气质的精神内核,也是男子气概在全球范围内备受重视的主要原因。

　　第三章探讨文化心理学领域中的男子气概研究,重点考察著名的心理学家罗伊·F. 鲍迈斯特(Roy F. Baumeister)的专著《部落动物:关于男人、女人和两性文化的心理学》(*Is There Anything Good about Men? How Cultures Flourish by Exploiting Men*，2010)，审视在文化中如何利用男性和男子气概以及男人如此看重男子气概的文化心理动因。本章之所以选用"男子气概"作为主题词，主要原因在于该专著所选用的核心概念 manhood 更多地强调男性的人格、尊严和荣誉，更接近"男子气概"的语义范畴，因此用"男子气概"这一传统男性气质概念则更为贴切和准确，更接近该专著的本意。

第四章探讨政治哲学领域中的男性气概研究，结合哈维·C. 曼斯菲尔德(Harvey C. Mansfield)的力作《男性气概》(*Manliness*，2006)，重点对男性气概这一传统男性气质类型的初始文化内涵和内在精神品质进行深入探讨。之所以在本章中用"男性气概"这一概念，主要是因为该著作中表达男人特性的概念 manliness 在学界一般被翻译为"男性气概"，而该著作的译者刘玮也采用了这一译法。更为重要的是，与第三章中的 manhood 相似，该著作中的 manliness 也更多地强调男性的内在精神品质，如勇敢、自律、坚强、自信和责任心等，而这些恰恰是男性气概这一传统男性气质概念的思想与文化内涵，也在相当大的程度上弥补了康奈尔等社会学学者在男性气质研究过程中过度强调权力视角而忽略德性的缺憾。

第五章探讨历史文化学领域中的男性气质研究，重点对迈克尔·S. 基梅尔(Michael S. Kimmel)的历史文化学力作《美国男性气质文化史》(*Manhood in America：A Cultural History*，2006)进行解读，深入了解男性气质的历史文化根基，探究男性气质与国家政治、战争、经济模式、社会发展之间的内在关联，从而更为辩证地看待男性气质在历史与现实中的功过得失。需要说明的是，我们之所以在此把该著作中表达男人特性的主题词 manhood 翻译成"男性气质"，是因为与第二章和第三章中的 manhood 有所不同的是，基梅尔这本专著中的 manhood 语义非常广泛，涉及美国不同年代和阶层的男性气质模式，既包含了工人阶级尊崇的"勇武工匠"(Heroic Artisan)模式，也包含了上层阶级尊崇的"文雅家长"(Genteel Patriarch)模式和中产阶级尊崇的"自造男人"(Self-Made Man)

模式,其思想内涵已经大大超出了"男子气概"的语义范畴。在这种情况下,选用语义更为宽泛、内涵更为现代的"男性气质"作为这一章的主题词是比较恰当的。

对于以上几个重要研究领域的代表性学者及其著作,国内学界还主要停留在片段式的引用和阐发方面,缺乏系统的剖析,这显然是远远不够的。要想实现对国际学界男性气质话题研究理论的本土化并实现理论拓展和创新,首先要对这些代表性的专著进行理论"细读",审视这些著作对男性气质体系中诸多重要议题持有的立场、态度和观点,比较和鉴别学者们在这些重要议题方面存在的共识和分歧,并在此基础上做出中肯的判断。为了对男性气质中诸多重要议题进行多角度审视和考量,不断加深学界和广大读者对男性气质话题的认识,本书在对这些著作进行剖析的过程中,没有按照原作的结构和逻辑进行概括和梳理,而是以这些著作所关涉的重要男性气质议题为纲要,以男性气质的文化特性和思想内涵为轴心,结合不同学者的学术背景、政治与文化立场和研究方法,重点考察他们在男性气质核心议题方面的学术思想,力求为广大读者呈现一个男性气质认知和研究的完整图景。

第六章主要探讨的是文学领域中的男性气质书写,深入分析文学作品中的男性气质状貌,审视文学家在男性气质这一文化命题上的立场和态度,尤其是文学家及其作品在男性气质的价值取向和评判标准方面体现出来的人文特性。可以说,在男性气质这一文化命题和学术概念方面,文学作品蕴含着丰厚的文化思想资源,为当下人们对男性气质的认知和研究提供了宝贵素材,不仅对既定社会人们在男性气质认知与实践方面存在的误区进行了反思,而且也为男性气质的正确认知与实践提供了典范和榜样。另外,作为有着浓厚人文底蕴的艺术门类,文学在男性气质书写方面有着自己独特的传统,在男性气质的概念选择、定义、价值取向和评判标准方面以及男性气质的建构方式方面有着自己独特的体系,为健康男性气质的认知和实践提供了不可或缺的视角和思想。然而由于个中原因,文学在男性气质话题方面蕴含的思想文化价值并没有得到足够的重视和深入的挖掘。有鉴于此,本章以男性气质为视角对《包法利夫人》

和《飘》这两部世界文学名著以及《黑人的负担》和《冰上的灵魂》这两部非虚构文学作品进行文本细读和阐释，审视男性气质在主人公人生选择方面及其命运方面扮演的角色，考量文学在男性气质认知和建构方面表现出来的人文特性，希望对文学领域中的男性气质研究起到一定的推动作用。

第一章　社会学领域中的男性气质研究

　　在男性气质研究领域中，成果最多、贡献最大的是社会学，以至于社会学家们不无骄傲地说："虽然有关男性和男性特质的研究已经延伸到人文学科，并且在自然和技术科学中也有一定的进展，但在男性和男性特质研究方面成果最为丰硕的则是社会学科。"①其中，R. W. 康奈尔（R. W. Connell）在促使男性气质成为一个正式研究领域方面更是功不可没，其对"支配性男性气质"（hegemonic masculinity）概念的提出以及四种男性气质类型（支配性男性气质、从属性男性气质、共谋性男性气质和边缘性男性气质）的划分，在让男性气质从一个常识性的文化概念转变为一个正式学术概念方面做出了卓越的贡献，是男性气质研究领域当之无愧的领军人物。他的学术专著《男性气质》（*Masculinities*，1995，2005）可以说是男性气质研究的奠基之作。可以说，该著作的出版在男性气质研究学术史上具有里程碑的意义，其在学界首次对男性气质这一话题本身进行正面研究和讨论，促使人们开始在性别、阶级和种族秩序、性别劳动分工等具体社会关系中审视男性气质，而且让我们看到了男性气质意识形态与诸多社会问题之间的内在关联。因此，对该著作提出的重要概念和研究框架的深入探究应当是我们对这一话题研究的学术起点。《男性气质》全书共分为三大部分，十个章节。在 2005 年出版的第二版中，康奈尔还在第十章的后面加了一个后记（Afterword），回顾了该著作自第一版出版以来男性气质研究的新发展，对之前的某些观点进行了一定的补充和修正。

---

① Kimmel，Michael S.，Jeff Hearn，R. W. Connell. *Handbook of Studies on Men & Masculinities*. Thousand Oaks，CA：Sage Publications，2005：Introduction 3.

第一节　性别角色理论与男性研究的兴起

根据康奈尔的考察,创建男性气质社会科学的第一次重要尝试是以男性性别角色(性角色)的观点为基础的,它起源于19世纪后期有关性别差异的争论。性别角色理论从19世纪90年代兴起到20世纪90年代,历经百年。

按照传统性别角色观念,身为男人或女人就要遵从和满足社会对男人和女人的不同性别期待,而所谓的男性气质或女性气质就是一种内化的性别角色,是个体社会化的产物。关于性别角色,国内男性研究学者方刚有一段较为完整的阐述:"作为一个男人或一个女人就意味着扮演人们对某一性别的一整套期望,即性角色。任何文化背景下都有两种性角色:男性角色和女性角色。性角色理论区分了男性气质与女性气质的不同,与男性气质联系在一起的是技术熟练、进取心、主动、竞争力、抽象认知等等;而与女性气质联系在一起的,是自然感情、亲和力、被动等等。男性气质和女性气质很容易被解释为内化的性角色,它们是社会习得或社会化的产物。"①就此而言,男性气质从很大意义上讲就是男人应当担负的性别角色和被认为应当遵从的男性性别规范。

然而这种看似天经地义的理念却受到现代心理学的挑战,被后者认为可能放大了两性差异。研究结果表明,"几乎在每一个测量的心理特征上,性差异或不存在或相当小。它们比社会环境的差异,如不平等收入、儿童保育的不平等责任和掌握社会权力等小得多,而社会环境的差异一向被认为是导致心理差异的原因"②。通过统计数据分析发现,男女两性心理存在某些性别差异,但是差异不大。在《男性气质》第二章中康奈尔重申了这一观点,认定男女两性在智力、性格和其他个人特征上,完全不存在什么显著差异。即使在某一方面存在差异,这种差异也小于同一性别内的差异,更远远小于男女社会地位之间的差异。性别差异的研究引

---

① 方刚,罗蕴.社会性别与生态研究.北京:中央编译出版社,2009:183.
② 康奈尔.男性气质.柳莉,张文霞,张美川,等译.北京:社会科学文献出版社,
2003:28.

发了人们对性别角色的思考,而这两个概念的界限起初并不明晰,甚至在很多场合可以相互解释和替代。

　　起初性别角色理论家们对性别角色基本上持肯定态度,认为"内化性角色有助于社会稳定、心理健康和完成必要的社会功能"①。但随着女权主义的兴起,学者们开始对性别角色,尤其是女性角色进行质疑,认为女性角色对女性具有压制性,是确保女性从属地位的一种手段。在这种情况下,性别角色改革的运动也应声而起,从美国开始蔓延到全世界。女权主义的这种风浪逐渐波及了男性领域。从 20 世纪 70 年代中期开始,在美国有关男性解放运动的讨论逐渐增多。与此同时,有关男性角色的讨论也迅速开展起来,与其相关的论文和著作也纷纷得到发表和出版。

　　在兴起后的很长一段时间内,男性研究依然以性别角色理论为主轴。一些学者或社会人士依然站在捍卫传统性别角色观念的立场,对女权主义的激进思想进行抵制。其中,在美国 20 世纪末期由罗伯特·布莱(Robert Bly)发起的男性运动就是"企图为深入人心的女权主义威胁进行一次强有力的回应"②。另一些学者则对传统性别角色和男性性别规范进行了反思,约瑟夫·普莱克(Joseph Pleck)就是这一研究理论的代表。他在 1977 年发表的论文《对女性、其他男性和社会的男性权力:一种男性运动分析》和 1981 年出版的著作《男性气质神话》中,都对男性性别角色理论进行了一定的反思和批判,认为"规范化角色理论的出现本身就是一种性别政治"③。康奈尔本人对性别角色理论总体上也持质疑的态度,认为性别角色理论在逻辑上是含糊的,夸大了人们的社会行为被规定的程度,导致了范畴化,夸大了男人和女人间的差异,在解释权力问题方面存在着根本性的困难。他认为男性性别角色研究在根本上是保守的,

---

① 康奈尔. 男性气质. 柳莉,张文霞,张美川,等译. 北京:社会科学文献出版社,2003:31.

② Malti-Douglas, Fedwa. *Encyclopedia of Sex and Gender* (Vol. 3). Detroit: The Gale Group, 2007:938.

③ 康奈尔. 男性气质. 柳莉,张文霞,张美川,等译. 北京:社会科学文献出版社,2003:33.

没有产生战略性的男性气质政治。① 可以看出，在性别角色理论的评判方面，康奈尔秉承了他一贯坚持的权力关系研究视角，以一种性别政治立场审视男性气质，体现出一个后结构主义时代学者的激进性和革命性。

　　然而过度强调性别角色的政治性、过度夸大两性之间的权力关系、一味抹杀两性间的性别差异，也未必是明智之举，不仅不利于两性间的优势互补与合作，而且还会带来一定的事实上的不公平。一方面，总体来看，男人和女人各自都有擅长和不擅长的事情，尽管这种差异在某些男性和女性个体身上并不十分明显。有差异是正常的，关键是我们如何发挥男女两性各自的性别优势，实现互补与合作。另一方面，片面追求两性平等可能会造成诸多事实上的不平等。比如在家庭生活中，在孩子的生养方面，从怀孕到分娩，再到哺乳和对孩子早期的照料，妻子的付出往往比丈夫多，而且很多付出具有不可替代性。在这种情况下，丈夫在家庭经济收入等其他方面多付出一些，多承担一些责任，不仅合情合理，而且也是公平的。在日常家务劳动方面，虽然越来越现代化的都市家庭生活已经让性别劳动分工日趋淡化，但仍然有更适合男性的工作和更适合女性的工作。男女双方应当是各尽所能、相互协作的关系，这样的家庭才会和谐。否则，如果人们不顾性别差异，过度看重权利，事事讲求平等，事事计较和攀比，反而会导致很多事实上的不平等，而且家庭关系也不会美满幸福。就此而言，过度否定性别差异，一味抹杀性别角色，未必就是一件好事。在这方面，中国的阴阳互补之说有着重要的参考价值。

　　另外，康奈尔还回顾了弗洛伊德及其他精神分析学家在男性气质方面的研究结论，给我们留下了几个颇有参考价值的观念。其一，弗洛伊德同样"反对'男性气质'是自然天成的观点"②，这一点有利于我们更好地理解男性气质的概念属性，更好地了解其社会建构性和文化建构性。总体来看，无论是男性气质还是女性气质，都主要是在社会性别（gender）而

---

① 康奈尔.男性气质.柳莉,张文霞,张美川,等译.北京:社会科学文献出版社,
　　2003:34-36.

② 康奈尔.男性气质.柳莉,张文霞,张美川,等译.北京:社会科学文献出版社,
　　2003:10.

不是在生理性别(sex)的层面上进行讨论的。其二,弗洛伊德认为人类生来就是双性的,男人的性格中也存在女性气质,女人的身上也有男性气质,"在每一个人身上,男性和女性倾向共存"①。这一观点在荣格那里得到进一步发展,他提出了阿尼玛(anima)和阿尼姆斯(animus)两个概念。其中,阿尼玛指的是男性身上的阴性灵魂或者女性气质,阿尼姆斯是女性身上的阳性灵魂或者男性气质。荣格认为"正如男人身上有女性气质作为平衡,那么女人身上也有男性气质作为平衡"②。荣格的两性气质平衡说取代了弗洛伊德的两性气质对立说,为缓解男性气质带来的压抑、促进男性心理健康提供了一条途径,表现出相当大的进步性。与之相关的则是双性同体或雌雄同体(androgyny)概念。通俗来讲,双性同体或雌雄同体指"不论一个人的生物性别是什么,他的社会性别可能既体现出某些女性气质的行为,也体现出男性气质的行为"③。这一概念有利于我们以更开明的态度看待男人性格中的柔性因素,不再把仁慈、悲悯、同情心看作是有悖于男性气质的情感特质。随着男性气质危机加深,人们甚至认为双性气质将会取代男性气质,成为一种更理想的性别气质:"(20世纪)70年代的大多数作者隐晦地表明男性气质处在危机之中,而这种危机的存在会推动变迁向前发展。其结果将是一个男性气质被双性气质取代。"④其三,卡伦·霍尼(Karen Horney)提出,成年男性气质的表现取决于对女性气质过度反应的程度,及男性气质的产生和女性从属地位之间的关系。显然,这一论断对康奈尔后来的"性别相对论"产生了一定的影响。其四,阿尔弗雷德·阿德勒(Alfred Adler)对传统男性气质的批判对于我们反思男性气质意识形态的潜在问题有着重要的启示,在很大程度上已经触到了现代男性气质的致命因素,即对攻击性的过分强调和对胜利的

---

① 康奈尔.男性气质.柳莉,张文霞,张美川,等译.北京:社会科学文献出版社,2003:11.
② 朱刚.二十世纪西方文论.北京:北京大学出版社,2006:203.
③ 泰森.当代批评理论实用指南(第二版).赵国新,等译.北京:外语教学与研究出版社,2014:126.
④ 康奈尔.男性气质.柳莉,张文霞,张美川,等译.北京:社会科学文献出版社,2003:317.

无休止的追求。这种对成功和胜利无休止的追求也必将会让男性气质变得更加功利化,以成败论英雄,无形中会给男性带来无穷的压力和焦虑。另外,阿德勒还看到了男性气质与权力和暴力之间的关联,对我们反思现代男性气质的弊端有着重要启示。阿德勒对于这种建立在对女性和他者的统治基础上的男性气质进行了强烈批判,认为"我们文化的主要不幸是男子气概的过分张扬"①。其五,男性气质的精神分析研究让我们看到了孩童抚养者和教育者的性别结构对他们人格发展的影响:"人格的发展与社会分工紧紧相连。儿童保育是工作,工作人员是性别化的,这个事实对情感的发展很重要。"②对于中国乃至世界范围内的中小学和幼儿园的孩童教育而言,教育者性别结构的失衡对孩童人格的健康发展显然是不利的。

　　总体来看,在一个性别中立的社会,在备受后现代、后结构主义思潮影响的今天,性别角色观念在很多方面逐渐被淡化。然而社会和文化对男女两性依然有着不同的角色期待,这也是一个不争的事实。因此即便在当今社会,这一理论依然有一定的阐释效度。同时我们也必须看到,性别角色规范也不是一成不变的,会随着社会需求和期望的改变而发生变化:"由于角色规范是社会事实,所以社会过程能改变它们。只要社会化的承担者——家庭、学校和大众媒体——传达新的期望,角色规范就会发生变化。"③如果说男性气质在某种意义上讲就是性别角色和性别规范的话,那么性别角色规范的动态性也反映了男性气质的变动性。但同时我们也不能因此否定了性别角色的相对稳定性。比如在当今社会的很多家庭中,性别差异依然是夫妻双方家庭责任分配和劳动分工的基础。

---

① 　康奈尔.男性气质.柳莉,张文霞,张美川,等译.北京:社会科学文献出版社,2003:21.
② 　康奈尔.男性气质.柳莉,张文霞,张美川,等译.北京:社会科学文献出版社,2003:27.
③ 　康奈尔.男性气质.柳莉,张文霞,张美川,等译.北京:社会科学文献出版社,2003:30.

第二节　男性气质的定义

康奈尔本人始终不愿意给男性气质下一个正面的定义,而是选择了从人的性格类型及其行为特征入手审视什么样的人被认为不具有男性气质:"在男性气质的现代用法中,这一术语假定了一个人的行为来源于某种类型的人。也就是说,一个没有男性气质的人会有不同的行为:性格平和而不暴烈、柔顺而没有支配性、几乎不会踢足球、对性的征服不感兴趣,诸如此类。"①显然,与这些人格特质和行为倾向相反的男性就应当被认为具有男性气质,这实际上对男性气质进行了一定程度的界定。然后他对既有的四种男性气质的定义策略进行了分析。

第一种是本质主义的定义。在康奈尔看来,这种定义经常是抽取一个特征作为男性气质的核心,并以此为依据来解释男人们的生活。弗洛伊德曾把主动性与男性气质相提并论,并与被动的女性气质相比较,"虽然他最终认为这种等同过于简单了,打算放弃本质主义定义"②。的确,对男性气质这一充满动态性、多元性和文化建构性的复杂概念,任何简单的定义都可能挂一漏万,有失偏颇,甚至会给世人带来误导,这也是男性气质定义所面临的最大难题。但人们并没有因此放弃追寻男性气质本质属性的努力,于是男性气质就有了"爱冒险、有责任感、无责任感、富有攻击性、宙斯一样的能量"③等诸多特性,而且还会不断延伸开去。

康奈尔对于本质主义的否定可谓直截了当,认为本质主义视角最明显的弱点是对本质的选择任意而缺乏效度:"本质的选择是相当任意的。本质论者无法找到共同认可的本质,事实上也是如此。所谓存在一个普

---

① 康奈尔.男性气质.柳莉,张文霞,张美川,等译.北京:社会科学文献出版社,2003:92.
② 康奈尔.男性气质.柳莉,张文霞,张美川,等译.北京:社会科学文献出版社,2003:93.
③ 康奈尔.男性气质.柳莉,张文霞,张美川,等译.北京:社会科学文献出版社,2003:93

遍的男性气质的基础的各种说法除了表明它们自身的存在外,其他什么也不能告诉我们。"①的确,本质主义往往把男性气质的某些片面或部分的特性当成男性气质的全部,很容易犯下以偏概全的错误。在后现代、后结构主义语境之下,对男性气质任何明确的定义都可能会被扣上本质主义的帽子,康奈尔的反本质主义的立场可谓顺应了时代的潮流。或者说,他几乎放弃了任何规范性的努力,而是更多地停留在描述和阐释上。

　　第二种是实证主义社会科学的定义,即所谓男性气质就是男人实际上是什么。这个定义是"心理学中男性气质/女性气质量表的逻辑基础,心理学的术语都是通过显示男女群体之间的统计差异得以验证的"②。康奈尔对这种定义策略同样表达了质疑,认为把男性气质仅仅定义为男人在经验意义上是什么,就会让男性气质这一术语失去用武之地,并认为如果我们只是谈论男性作为群体与女性作为群体之间的差异,我们就根本不需要"男性气质"和"女性气质"这样的术语了。的确,如果我们把男性气质和女性气质简单地看成男人和女人的集体特性,即男人和女人实际上是什么,那么男性气质和女性气质的学术性就会大打折扣,甚至会沦落为一种有关男性特征的常识性理解和话语形式,在内涵和外延上都会大大缩水,变得平面化和浅表化,切断了这两个概念与权力等级秩序、文化价值观、性别伦理身份等社会命题之间的关联。除此之外,康奈尔还认为男性气质和女性气质概念的学术性还体现在这两个概念不仅体现了男性和女性之间的性别差异,而且还体现了男性和女性的内部差异,具有更多的阐释层面和维度。

　　第三种是规范性的定义,即男性气质就是男人应该是什么。康奈尔认为这一定义经常出现在媒体的研究中,以及对一些典范人物如约翰·韦恩(John Wayne)或恐怖电影的讨论中。对有男性气质的人的一个典型的规范性定义则是:"不带女人气的人、声名显赫的人、坚毅果敢的

① 康奈尔.男性气质.柳莉,张文霞,张美川,等译.北京:社会科学文献出版社,2003:93.

② 康奈尔.男性气质.柳莉,张文霞,张美川,等译.北京:社会科学文献出版社,2003:94.

人以及严厉教训对手的人。"①康奈尔对这一定义策略质疑的逻辑前提是大多数男人达不到这些规范,但我们不能因此说大多数的男人不具有男性气质。而且他对规范本身就表达了怀疑的态度,认为几乎没有人达到的规范就很难说是规范。这种质疑看似成理,但也存在着相当大的学术漏洞,对此我们将在后文中进一步讨论。

实际上这也涉及男性气质与男性气概两个概念的区别。虽然两个概念往往你中有我、我中有你,甚至在不太严格的情况下可以相互指涉和替代,但两者的差别还是不容忽略的。从描述性和规范性的角度看,男性气质带有相当多的描述性,即男性实际上表现出怎样的性别特征;而男性气概则更多地带有规范性,即男性应当表现出怎样的男性特征。从这个角度上讲,康奈尔对男性气质的规范性定义策略的质疑是有道理的,因为规范性的定义策略更多地适用于男性气概,而非男性气质。一个男性可能不具备"坚毅果断"等男性气概,但不能因此说他不具备男性气质,因为"根据定义,只要是男人,就会有男性气质"②。尽管当今社会存在很多男性女性化的现象,但大多数男性在骨骼、性征、发肤、声音乃至性格等方面与女性的差别还是比较明显的。然而康奈尔似乎没有意识到,社会与文化在男性价值和身份判定方面,从来不会满足或停留在男性的生理特征层次之上,"男性应当如何"永远比"男性实际如何"更为重要,男性气质的规范性定义远比描述性定义更具社会和文化意味,这一点在人类学和政治哲学的研究成果中体现得尤为突出。

第四种是符号学的定义。在康奈尔看来,这一视角抛开了个性层次,通过一个有男女符号差异的系统来定义男性气质。在这个系统中,男性和女性的位置是对立的。男性气质实际上被定义为非女性气质。对于这种定义视角,康奈尔没有完全否定,认为这一视角"避开了本质主义的武

---

① 康奈尔.男性气质.柳莉,张文霞,张美川,等译.北京:社会科学文献出版社,2003:95.

② Bederman, Gail. *Manliness & Civilization: A Cultural History of Gender and Race in the United States, 1880—1917*. Chicago: The University of Chicago Press, 1995: 18.

断性以及实证主义和规范性定义的自相矛盾"①,但同时也认为它的应用
范围是有限的。尽管如此,符号学定义给他带来了一定的启发,让他感悟
到了男性气质研究的关系性原则:"一个符号只有在一个相互关联的符号
系统中才能被理解的观点也同样适用于其他领域。只有在一个性别关系
的系统中,才会出现所谓的男性气质。"②这一发现让他不再把男性气质
定义为一种客体或实体,而是将其看作一个动态的过程和关系性的存在,
男性和女性的差异正是在这种过程和关系中得以体现的。在这种认识的
基础上,康奈尔给男性气质下了一个似是而非的定义,认为男性气质如果
能够简单地被定义的话,那么"它既是在性别关系中的位置,又是男性和
女性通过实践确定这种位置的实践活动,以及这些实践活动在身体的经
验、个性和文化中产生的影响"③。的确,关系性和实践性是理解男性气
质的两个重要维度:前者提醒人们在思考男性问题时不能忽略女性问题,
反之亦然;后者提醒人们在认识和研究男性气质时不能仅仅坐而论道,仅
仅在理论上探究男性气质规范的可能性,还要在实践层面探究其在现实
生活中的可行性。

第三节　四种男性气质类型的划分

除了强调权力在男性气质建构过程中起到的重要作用外,康奈尔还
根据权力关系把男性气质划分为支配性男性气质、从属性男性气质、共谋
性男性气质和边缘性男性气质等四种类型或模式。

第一种男性气质是支配性男性气质,也可以称为霸权性或主导性男
性气质(hegemonic masculinity)。在康奈尔的研究体系中,支配性男性

①　康奈尔.男性气质.柳莉,张文霞,张美川,等译.北京:社会科学文献出版社,
　　2003:96.
②　康奈尔.男性气质.柳莉,张文霞,张美川,等译.北京:社会科学文献出版社,
　　2003:97.
③　康奈尔.男性气质.柳莉,张文霞,张美川,等译.北京:社会科学文献出版社,
　　2003:97.

气质既是一种普遍性概念,也是一种具体性概念。作为一种普遍性概念,支配性男性气质指的是任何一个既定社会和文化所推崇的一种主导性男性气质模式,也往往是主流社会奉行的一种男性气质模式。正如康奈尔所言,在任一给定的时间内,总有一种男性气质为文化所称颂。康奈尔还进一步指出,"'支配性男性气质'不是一个在任何地方和任何时间都一样的固定的性格类型,而是在一定的性别模式中占据着支配性地位的男性气质,但是地位总是会竞争变化的"①。也就是说,任何时代、民族或文化都有自己认定的支配性男性气质类型,而不同时代、民族或文化所认定的支配性男性气质因其在价值取向和评判标准方面存在的差异而呈现出不同的面貌。从历时的角度看,古代中国的支配性男性气质和现代社会的支配性男性气质大相异趣,战争年代所推崇的男性气质与和平年代所推崇的男性气质也迥然有别。从共时的角度看,美国社会的支配性男性气质与法国社会的支配性男性气质也不尽相同,西班牙社会的支配性男性气质与英国社会的支配性男性气质同样也无法相提并论。作为一种特殊性概念,在古今中外的各个民族和文化中,支配性男性气质往往具有"主动的、竞争的、拥有权力的、控制的、主宰的"②等性别特征,而且经常被认为与父权制(男权制)有着相当大的同谋关系,在性别秩序中居于权力上位。

另外,支配性男性气质之所以在各种文化中备受尊崇,还因为这种男性气质最能体现男性气概,正如康奈尔所说的那样,"支配性而非从属性或边缘性的男性气质在男权制文化中最能体现男性气概"③。比如,男孩或成年男人在大街上对女孩或成年女性的骚扰,蛮横无理地打断女性的发言等,都是支配性男性气质在日常生活中的典型体现。显然,这里的支配性男性气质和父权制或男权制有着一定程度的关联,是建立在对女性

---

① 康奈尔.男性气质.柳莉,张文霞,张美川,等译.北京:社会科学文献出版社,2003:105.

② 方刚,罗蔚.社会性别与生态研究.北京:中央编译出版社,2009:188.

③ 康奈尔.男性气质.柳莉,张文霞,张美川,等译.北京:社会科学文献出版社,2003:322.

或弱者的压抑和统治基础之上的,进攻性或施暴能力是其重要的评判标准。在消费和娱乐社会,虽然财富和性在男性气质中的地位愈发凸显,但与权力相关的暴力依然是支配性男性气质建构和实践的重要方式,这一点是非常值得世人反思的。

需要指出的是,支配性男性气质中的"支配性"一词是由英文 hegemonic 翻译而来,而名词 hegemony 一词另有"霸权"之意。康奈尔之所以援用了安东尼奥·葛兰西(Antonio Gramsci)的霸权概念,除了这一概念本身所具有的主导性和统御性意味之外,还在于在现代社会,"一套占统治地位的信条和价值观念支配地位是靠'赞同'而不是'强制'得以确立的"[①]。也就是说,现代男性气质意识形态的践行,不是靠外力强迫,而是用各种方式使其深入人心,让人们主动对之认同和遵从。这一观念显然符合性别观念的运行机制,因为对主流社会主导性男性气质意识形态的遵从与否在多数情况下终究不是法律或政治范畴的问题,不能靠法律和政令的强迫推行,只能通过各种方式和策略赢得大众的认同。在第三章中,我们将从文化心理学的角度对男性气质意识形态的这种霸权性运行机制做进一步探讨。

从效果来看,现代男性气质的这种霸权性运行机制还是非常成功的。虽然任何时代都存在霸权性男性气质的背离者,但对之予以认同和遵从的人还是占了大多数。尤其值得注意的是,除了很多男性对其性别规范进行盲目认同和实践之外,很多女性对其所处社会的支配性男性气质同样有着不同程度的遵从,有时甚至比男性更为痴迷。根据女权主义的观点,按理说女性是父权制或男权制以及与之有着共谋关系的支配性男性气质的受害者,应当对该男性气质进行坚决抵制和反抗。但现实却是,无论古今中外,都有相当一部分女性是支配性男性气质的支持者和维护者,正如康奈尔所言,"女性的某些行为,如:对男权制宗教般的忠诚,在浪漫文学中的表现,在抚育孩童的过程中对性别差异和男性支配权的维护,以及对堕胎和同性恋的反对,都为男权制下的男性利益起到了推波助澜的

---

① Bertens, Hans. *Literary Theory: The Basics*. New York: Routledge, 2008: 68.

作用"①。的确,在很多时候,特定社会支配性男性气质规范往往成了女性评判男性的标准和尺度。在这种情况下,女性在男性个体的男性气质建构过程中就起到了重要的参与作用,不仅是男性是否具有男性气质的评判者,而且还是男性个体男性气质实践的监督者。在女性对支配性男性气质的维护是否真的让男性获益这一点上康奈尔的观点显然有点简单和武断,因为有些女性对霸权性男性气质的维护未必就是为了维护男性的利益,但可以肯定的是,这种维护显然在极大程度上让既定社会霸权性男性气质意识形态更具影响力和掌控性。

康奈尔还强调,只有当文化的理想与组织机构的权力之间存在某种一致性时支配性才有可能建立起来,这种权力可能是个人性的也可能是集体性的。所以,"商界、军队和政府的高层提供了将上述两者合二为一的男性气质。它是一种令人十分信服的样板,到现在还没怎么为女性主义者和一些持有异议的男士所动摇"②。这一论断是非常深刻的,它道出了支配性男性气质或男性气质的支配性对社会权力机构的依赖性。一种男性气质模式是否具有支配性,还要看其文化宗旨、价值取向和性别规范与政府、军队或商界等统治性社会机构及其代言人的价值导向和利益诉求是否一致,是否都能得到后者的支持和推动。

在这方面,较为典型的一个例子就是美国的自造男人(Self-Made Man)式男性气质模式。1832 年美国国会议员亨利·克雷(Henry Clay)之所以在国会上对自造男人式男性气质如此赞誉有加,主要是这种男性气质符合美国国家发展和壮大的需求,符合美国梦的诉求,与美国社会的核心价值观保持一致。这样的例子在文学作品中也不在少数。比如在本书第六章第二节所分析的《飘》(*Gone with the Wind*,1936)中,阿什礼所认同的美国旧南方男性气质类型之所以被摒弃,这种拥有绅士派头、骑士风范和贵族生活方式的男性气质所属的时代已经"随风而去"(gone with

---

① 康奈尔. 男性气质. 柳莉,张文霞,张美川,等译. 北京:社会科学文献出版社,2003:335.

② 康奈尔. 男性气质. 柳莉,张文霞,张美川,等译. 北京:社会科学文献出版社,2003:106.

the wind)，正是因为该男性气质模式不适合美国新南方的战后重建需求。百废待兴的新南方需要的是以瑞特为代表的那种勇于开拓进取、敢于面对和解决现实问题、善于实现社会流动(social mobility)、适应市场经济发展的男性气质，即自造男人或自我成就式的男性气质。

不能否认，支配性男性气质概念的提出，提升了人们对男性气质认知的准确度，不再像以前认知的那样笼统和粗糙，推动男性气质从一个常识性和文化性的概念向一个正式学术概念迈进，促使人们从阶级、种族、性别、时代、文化、社会类型等具体语境多角度审视男性气质。同时，这一概念的提出也打破了男性气质神话，让人看到了男性气质并非"铁板一块"，更非一种先验性的存在，人们完全可以根据自己的实际情况选择和认同适合自己的男性气质类型："人们认识到存在多种多样的男性气质，就可以像消费者选择商品一样，尝试符合自己生活方式的男性气质。"[1]从社会个体的角度来讲，这无疑是一种性别意识的解放，不仅可以根据自己的实际情况选择适合自己的男性气质模式，而且也不必为自己没有达到主流社会主导性男性气质标准而焦虑。另外，康奈尔还清醒地意识到支配性男性气质的顽固性，认识到既定社会主导性男性气质对大多数男性思想和行为的巨大影响力和规约性，以及很多男性对该男性气质模式的认同和遵从，其后果不仅延缓和阻碍了性别观念的变革，而且稳定了支配性男性气质的统治地位，导致了世界范围内摧毁性军需技术的发展、环境的长期恶化和经济发展不平等的日益严重。这对我们辩证看待现代男性气质有着重要的启示意义。

第二种男性气质是从属性男性气质(subordinate masculinity)，也是与支配性男性气质相对应的一种男性气质。在具体语境下，权力上位的男性往往被看作拥有支配性男性气质，如上级领导、老板、军队的高级长官等位高权重的男性往往被看作拥有支配性男性气质，而下属、职员、军队的下层军士等人微言轻的男性一般被看作拥有从属性男性气质，因而被认为具有

---

[1]　康奈尔.男性气质.柳莉，张文霞，张美川，等译.北京：社会科学文献出版社，2003:105.

"被动的、服从的、没有权力的、可以被控制和被决定的"①特征。

从人格气质上看，如果人们把具有勇敢、坚强、果断、聪明、拥有自尊等人格特质的男性看作拥有支配性男性气质，那么具有怯懦、软弱、优柔寡断、愚昧、缺乏自尊等人格特质的男性则被认为拥有的是从属性男性气质，被贬斥为"王八、女人腔、胆小鬼、驴子、软蛋、软骨头、奶油包、恋母者、没有丈夫气的男人、妈妈的小男孩、四只眼、软耳朵、戏子、傻子、懦夫"②。从年龄上讲，如果把青壮年的男性看作是具有支配性男性气质的话，那么男孩和老年男性则常被看作具有从属性男性气质。从性取向的角度看，如果异性恋男性被认为拥有支配性男性气质，那么同性恋男性就被认为拥有从属性男性气质。

值得注意的是，在具体的社会实践过程中，支配性男性气质与从属性男性气质之间的关系并非一成不变，其拥有的仅仅是相对的稳定性。鉴于权力是标定两者关系的决定性尺度，当事者双方之间的支配-从属关系也必然随着权力关系的改变而改变。以父子关系为例，一个年轻力壮的父亲在幼年的儿子面前践行的是支配性男性气质，但其在年迈多病之际在成年的儿子面前则很可能践行的是从属性男性气质。另外，即便在一个男性的同一生命阶段，在不同的空间也可能拥有不同的男性气质。比如，一个男性在妻子面前可能践行的是支配性男性气质，但在公司老板面前则可能践行的是从属性男性气质。

第三种男性气质是共谋性男性气质（complicit masculinity）。这种男性气质界定的逻辑前提是把支配性男性气质看作是被父权社会所推崇的主导性男性气质，而那些不具备支配性男性气质却凭借其男性身份同样在父权社会中获益的男性则被认为拥有共谋性男性气质。正如康奈尔所说的那样，"能够在各方面严格实践支配性男性气质的男性是相当少的。但是大多数男人都能从支配性中得到好处，因为他们都可以从男权制中

---

① 方刚，罗蔚. 社会性别与生态研究. 北京：中央编译出版社，2009：188.
② 康奈尔. 男性气质. 柳莉，张文霞，张美川，等译. 北京：社会科学文献出版社，2003：108.

获得利益,这是男人们普遍从女性的整体依附中获得的"①。比如,在当今西方社会,一个拥有较高的权力、充足的财富、较强的性能力的男性才被认为具有支配性男性气质,这样的男性在家庭中往往也充当着供养者(provider)和保护者(protector)的角色,此外还要担当和承受相当大的责任和风险。但由于种种原因,很多男性无法获得这些资本,在家庭中也无法担当起供养者和保护者的角色,也没有为博得支配性男性气质而担当和承受相应的责任和风险,可他们依然在家庭中以家长和权威自居,凭借父权社会赋予他们的性别优势来行使特权,实现对女性的支配和统治。用康奈尔的话说,这些男性"与男权制有某种联系但又没有具体表现出支配性的男性气质"②,而这些男性所践行的就是一种共谋性男性气质:"某些人一方面谋取权利的利益,一方面又避开男权制推行者所经历的风险,这类人的气质就是共谋性男性气质。"③可见,所谓的共谋其实就是与父权制或男权制的共谋。弄清楚了这种男性气质类型的本质和运行机制,我们才能更准确地对之进行应用。在现实生活中,这样的男性个人或群体也可以看作是拥有双重标准的人,缺乏一定的自省意识,其思想和行为达不到主流社会男性气质的要求,却有着明显的大男子主义倾向。比如在当今社会,很多家庭中的男性在工作能力和收入方面远不及配偶,却在家庭中以一家之主自居,行使着对妻子的支配和统治权,其践行的就是一种共谋性男性气质。

　　准确来讲,这样的男性又可分为两种情况:一种是明知故犯,明明知道自己的这种行为对女性是不公平的,是不人道的,但出于自己的虚荣和实际利益考虑,用父权文化和体制赋予男性的特权维护自己在家庭和两性关系中的优越地位;另一种是执迷不悟,由于长期受父权思想和文化的

① 　康奈尔.男性气质.柳莉,张文霞,张美川,等译.北京:社会科学文献出版社,
　　2003:108-109.
② 　康奈尔.男性气质.柳莉,张文霞,张美川,等译.北京:社会科学文献出版社,
　　2003:109.
③ 　康奈尔.男性气质.柳莉,张文霞,张美川,等译.北京:社会科学文献出版社,
　　2003:109.

熏染，缺乏对这种在当今社会显然已经不合时宜的观念的反思和批判，无形中成了这种落后思想和文化的捍卫者和践行者。无论属于哪种情况，结果都是一样的，都很可能导致家庭中夫妻间的矛盾，给婚姻带来危机，因为这种原因导致的夫妻关系紧张乃至婚姻解体的案例并不少见。根据统计，在当今中国的离婚案件与诉讼中，女性主动提出离婚的占到了七成甚至八成，其中一个重要原因就来自对于一些男性所践行的这种共谋性男性气质的反感和不满。

要想避免这种情况的发生，当今男性除了需要提升自身的人格修养、自省意识和性别公正意识之外，还要与时俱进，看清楚传统男权思想和体制与当今两性关系新格局之间存在的错位，自觉放弃传统男权思维定式和对女性的刻板成见和性别歧视，促进自我知识更新，才不会被时代所抛弃，才会有可能拥有美满幸福的家庭生活。值得一提的是，要想促进男性在这方面的进步，实现性别公正，女性同样肩负着重要责任。有些男性之所以顽固不化，总是以大男子主义者自居，很多时候是在满足女性对他们的性别期待。因为即便是在 21 世纪的今天，很多女性依然是传统男权思想和文化的共谋者。在她们眼中，有大男子主义倾向的男性更具魅力，更有男人味，这一点同样是值得反思的。

除了现实生活之外，在文学作品中这样的例子也并不罕见，在《孤独的征战》(*Lonely Crusade*，1947)中的男性主人公李·戈登就是一个典型的例子。按照支配性男性气质的规范和标准，戈登显然不符合要求。在家庭中，他无法承担起养家糊口的角色，很多时候不得不靠妻子外出挣钱补贴家用。但即便如此，他在家庭中依然以权威的家长自居，在两性关系中依然扮演着统治者和支配者的角色。他之所以对父权思想和性别角色观念进行无原则的维护和捍卫，无非是凭靠父权制赋予男性的特权维护自己在家庭中的地位。最终，他不但没有实现其真正男性气概的建构与实践，反而让自己陷入无尽的无助和孤独之中，不但严重伤害了妻子的身心健康，让本来美满的婚姻家庭陷入危机，而且还险些让自己死于非命。在此，共谋性男性气质这一概念让我们洞悉了其扭曲变态的思想和行为背后的心理机制及其危害。

第四种男性气质类型是边缘性男性气质（marginal masculinity）。在四种男性气质类型中，边缘性男性气质的划分标准与其他几类又有所不同，前三类"与性别秩序有着内在的联系"[1]，而边缘性男性气质则是用来表达"占统治地位的男性气质与从属阶级或种族集团的边缘性男性气质之间存在的关系。边缘性男性气质总是与统治集团的支配性男性气质的权威性相联系着"[2]。比如，如果一个社会把中产阶级的男性气质确定为支配性男性气质的话，那么工人阶级和其他下层阶级的男性气质则是边缘性男性气质；如果主流社会把白人种族的男性气质看作是支配性男性气质的话，其他肤色人种的男性气质就可能被看作是边缘性男性气质，如此等等，不一而足。这也给我们提供了两点启示：一方面，边缘性男性气质总是作为占统治地位的男性气质的对立面而存在的；另一方面，边缘性男性气质考察的是一个阶级或种族的群体男性气质状貌。

总体来看，这一概念有其欠严密之处，与其他概念，尤其是从属性男性气质的边界有些模糊甚至重合之处。对于这一点康奈尔本人也有所察觉，只是苦于找不到更好的概念。但这一概念用来分析特定种族，尤其是西方社会中的少数族裔男性气质状貌还是有一定阐释效度的。在美国，受长期以来根深蒂固的种族歧视观念和制度的影响，直到 20 世纪的民权运动之前，美国黑人在政治、经济、文化和法律等方面都处于劣势的地位。可以说在白人种族面前，整个黑人族群都处于被压迫、被宰制的状态，"白人的支配性男性气质保持了制度压迫和肉体摧残的威慑作用，它们影响了黑人社会中的男性气质构成"[3]。在这种情况下，即便少数黑人男性在政治、经济和文化等领域获得了成功，拥有了一定的社会地位，并且按照西方男性气质评判来看甚至被看作具有了支配性男性气质，但其在美国

[1]　康奈尔. 男性气质. 柳莉，张文霞，张美川，等译. 北京：社会科学文献出版社，2003：109-110.

[2]　康奈尔. 男性气质. 柳莉，张文霞，张美川，等译. 北京：社会科学文献出版社，2003：111.

[3]　康奈尔. 男性气质. 柳莉，张文霞，张美川，等译. 北京：社会科学文献出版社，2003：110.

白人社会被压迫、被歧视的地位依然不会因此而改变,而黑人种族的整体边缘地位还是得不到根本性的改变,正如康奈尔所言,"在美国个别的黑人运动员就有可能成为支配性男性气质的典范。但是个别明星的声望和财富不会对下层造成影响,它一般不会给男性黑人们带来社会威望"①。事实也的确如此。2008 年具有黑人种族血统的奥巴马成功当选美国总统,这也让很多美国黑人激动不已。但即便是在奥巴马担任总统期间,在全美国范围内黑人遭受白人,尤其是白人警察侵犯和虐待的情况并没有消失,黑人作为一个种族在美国所处的边缘地位还没有从根本上得到改变。在种族歧视严苛的历史时期,不管黑人通过个人努力取得了多大的社会成就,不管他们处在什么阶级,也不管他们拥有多少财富,根据"一滴血原则"(one drop rule),哪怕他们只有八分之一或十六分之一的黑人血统,他们就社会地位低劣,他们就可以随意被白人宰割,其人身和财产安全以及各种社会权益就得不到保障,更无人格尊严可言,其男性气质始终处于被压抑和阉割的状态。

在非裔美国文学作品中,这类黑人男性的尴尬处境也得到了相当高程度的关注,其中一个典型的例子就是查尔斯·切斯纳特(Charles W. Chesnutt)根据一个真实的种族冲突事件改编和创作的长篇小说《传统的精髓》(*The Marrow of Tradition*,1901)。在该作品中,男主人公威廉·米勒是一个有着博士学位并且有着很高医学造诣的医生。按照美国的阶级划分,他完全应当属于中产阶级之列,拥有"自造男人"这种支配性男性气质。但他在从费城开往南方的火车上却遭受到一连串的"降级",从高等车厢被迫转移到下等车厢。这两类车厢既可以看作是两个种族的象征,也可以看作是两个阶级的象征。米勒阶级上的优势远远无法抵消其种族身份的劣势,因此他被强迫转移到烟雾弥漫、臭气熏天的黑人车厢,其阶级身份最终因为其种族身份而受到贬低和降级。虽然他的白人朋友彭斯医生对白人乘务员的粗暴行为极为愤慨,并为维护米勒的种族

---

① 康奈尔.男性气质.柳莉,张文霞,张美川,等译.北京:社会科学文献出版社,2003:111.

尊严和权益做出了最大的努力,但根据弗吉尼亚的法律,不管黑人有着怎样的阶级身份和社会地位,都不允许乘坐白人的车厢。20世纪五六十年代爆发的席卷全美国的民权运动,就是对黑人种族长期以来一直遭受的这种集体性压迫和宰割的有力反抗。

从阶级的角度看,如果一个社会中占统治地位的是中产阶级男性气质,那么工人阶级所拥有的就是边缘性男性气质。值得注意的是,阶级等级秩序不像种族等级秩序那么"铁板一块",没有那么固化,总存在一个上下浮动或流动的空间。尤其是在当今的互联网时代,来自底层的社会个体完全可以通过某个方面的成功实现"草根逆袭",实现向上的社会流动,跻身中产阶级或上层社会,从边缘性男性气质上升为支配性男性气质。但即便如此,康奈尔的边缘性男性气质依然有一定的阐释效度。因为总体来看,即便下层阶级中一些有社会影响力或巨额资产的人物实现了阶级身份的僭越,跻身于中产阶级或上层阶级,但这种流动至少在短时期内影响不到整个阶级的边缘性社会地位。尤其在某些非常讲究门第和血统、阶级等级秩序森严的社会,即便某些男性获得了很多资产,拥有了很大的权力,也未必能够跻身上层社会。

但我们必须注意,康奈尔划分的这四种男性气质只是一种参照。在现实生活中,男性气质的建构和实践是非常复杂的,同时受多种因素的制约,而且也经常会出现很多"反常"现象。一个男性在不同的空间和角色中可能践行着不同的男性气质类型。除了男性在公司与家庭两个空间中可能践行着不同的男性气质类型之外,即便同样是在职场上,一个中层领导在下属和上司面前很可能也践行着截然不同的男性气质。在这个人才竞争的年代,为了提高自己单位的竞争力,企事业单位的领导对自己单位中的骨干人才就表现得非常客气、宽容和隐忍,对可有可无甚至想辞退的职员态度就没那么友好。在这个"顾客是上帝"的年代,传统上被认为"财大气粗"的老板在消费者面前践行的往往也不是典型的支配性男性气质。可见,男性气质的实践会随着语境和具体利害关系的不同而不同。对于生活在有着浓重的种族歧视传统的美国社会的黑人男性而言,在白人面前可能践行的是从属性或边缘性男性气质,但在家庭中,在妻子面前,他们可能又践行的是典型的支配性男性气质,前面提到的戈登就是一个例子。在美国前民权时代,在黑人作为一个种族完全处于白人种族主义者、法律机构和社会制度的压迫和统治之下的情况下,一个普通白人在同为白人的上级或资产者面前践行的是从属性男性气质,但在黑人面前则践行的是支配性男性气质。从年龄的角度看,男性在青壮年时期在男孩和女性面前践行的是支配性男性气质,但在年老之际,在身体功能衰退、经济能力减弱、社会权力丧失的情况下,其支配性男性气质也随之大打折扣。

总之,男性气质在微观环境中具体践行的情况不仅与权力和身份有关,还与行业和个体的人格修养有关。人性不仅有遵从性,还有超越性,随时都会打破固有的男性气质划分和想象。就此而言,以权力为主轴界定和审视男性气质不可避免地带有相当多的模式化特点,忽略了人性的丰富性和复杂性,忽略了德性、审美等超越性因素在男性气质的认知和实践中扮演的重要角色。比如,一个权高位重、在传统上被认为具有行使支配性男性气质资本的男性,为人处世却非常低调谦和、富有悲悯情怀和人道主义精神,他践行的就不是支配性男性气质,至少不是典型的支配性男性气质,因为他的人格和品德已经让他超越了任何僵化的男性气质的界定,他实践的是一种道德人格。世界文学经典中塑造的很多伟大人物形象都具有这种特质。在男性气质的认知与实践方面,他们所认同的不是权力逻辑而是美德和人道主义精神。在这些人物身上,我们看到了人性的伟大和超越权力狂热的可能性。因此,当我们在借鉴和运用以上种种男性气质的界定和划分时,不能忽略这种可能性的存在。

第四节　个性重塑、性别公正的提出及其他

值得称道的是,康奈尔在《男性气质》结尾处提出了几个重要议题,不仅在一定程度上弥补了其思想体系中的某些缺陷,而且对男性气质的后续研究,尤其是对人文学科领域的男性气质研究有着重要启示。

其一是"个性重塑"议题的提出,认为社会经济和政治结构的变迁

"应当从个性的重塑做起",认为"个性的转变不能局限于男性治疗及其政治方面"。① 在此,他显然已经意识到了"个性的重塑"对于重构男性气质的重要性。而这方面的工作恰恰是人文学科的大有可为之处,因为人文学科,尤其是文学正是通过对社会个性的重塑来影响和改变世界的。

其二是对片面追求两性平等观念的反思,认为"在(20世纪)70年代晚期,为谋求平等的去性别化策略不仅没有提高女性的地位,反而让她们受到伤害,因为这一策略认为女性应该像男性一样,平等就意味着男女相同,这样女性文化社会完全丧失了"②。这种反思对于纠正女权主义在两性平等问题上体现出来的某些片面性有着一定的理论价值,而且在一定意义上修正了性别气质社会建构论的某些不足,承认了性别差异的实在性以及性别角色观念的某些合理性。

其三是对支配性男性气质的辩证性思考,看到了男性气质的文化价值:"取消支配性男性气质不仅要面对暴力和仇恨,而且还会抛弃围绕支配性男性气质而创造出来的积极的文化。这包括《罗摩衍那》《伊里亚特》和《上帝的黎明》等英雄故事,参与邻里垒球游戏而获得的快乐,从田野抽象出纯粹数学一般的美丽以及为他人而牺牲的美德,等等。无论对女孩子还是妇女,男孩子还是男人,这些是值得保留的遗产。"③这一论断与康奈尔对男性气质惯常所持有的质疑和批判态度有着显著不同。可见,即便备受诟病的支配性男性气质也有其可取之处,有利于促进积极文化的创造,这也从侧面揭示了男性气质话题的社会价值。

在此,康奈尔体现出了难得一见的传统意识,触及了《罗摩衍那》《伊里亚特》和《上帝的黎明》等英雄故事所书写的男性气质,意识到这种男性气质所包含的美德要素,认为这些男性气质美德是宝贵的文化遗产。而

---

① 康奈尔.男性气质.柳莉,张文霞,张美川,等译.北京:社会科学文献出版社,2003:320.

② 康奈尔.男性气质.柳莉,张文霞,张美川,等译.北京:社会科学文献出版社,2003:324.

③ 康奈尔.男性气质.柳莉,张文霞,张美川,等译.北京:社会科学文献出版社,2003:324.

美德恰恰是人文学科,尤其是文学所关注的一项重要议题,这也在一定程度上提醒了人文学科,尤其是文学领域在男性气质话题研究过程中不能忽略的要素。实际上,康奈尔在这里所提及的所谓"支配性男性气质"主要指传统男性气质,更确切地说是男性气概或男子气概。这种男性气质不仅是《罗摩衍那》《伊里亚特》和《上帝的黎明》等英雄故事所书写的对象,而且也是贯穿众多文学作品的文化命题,已经形成一种重要的文学书写传统,对男性气质研究而言是一种丰厚的文化和思想资源。

在该书的结尾处,康奈尔的结语更是体现了一个知识分子的良知:"在某种意义上,新的男性气质政治必须超越利益,成为一种可能的纯粹政治。从另一角度来说,新的男性气质政治将体现这个星球上所有人的利益——共享社会公正和和平,并与自然界和谐共处。"[①]在此,虽然康奈尔依然把男性气质定位为一种性别政治,但此处的所谓政治已经不再是建立在权力和统治基础上的政治,而是建立在公正、和平以及与自然和谐相处基础之上的性别政治。这种男性气质政治蕴含着一定的道义,不是以个人利益为中心,而是具有一定的超越性,是一种心怀天下的世界主义。受其学科所限,康奈尔对男性气质的这些人文思考在其整个研究体系中仅仅是沧海一粟,缺乏深度和广度,没有引起多少重视,也没有产生多大的影响。在这方面,人文学科大有可为之处,在男性气质理论的人文建构方面肩负着重要的学术使命。所以接下来我们要做的就是对被康奈尔等人否定的、被学界忽略的学科和学者的学术成果和思想进行详细介绍和呈现。

第五节　学术贡献及其局限性

应当说,康奈尔对现代男性气质的认识是比较全面的,对男性气质的种种问题的反思也是非常深刻的。他立足于社会学科,但同时又涉猎了

---

① 康奈尔. 男性气质. 柳莉,张文霞,张美川,等译. 北京:社会科学文献出版社,2003:337.

心理分析、历史学、人类学、生物学，甚至文学等学科和领域，本身就有着一定的跨学科研究视野。通过多维度、多学科、多层次的分析，他触及了男性气质的诸多要素，引发世人对这些要素的思考。而且他在男性气质的研究方面，已经形成了自己的立场、态度和研究范式，并在他的整个研究过程中有一定的贯通性，显示出一个成熟学者的风格。可以看出，他的研究也体现了他的学术伦理，体现出一定的道德诉求和现实关怀。他的权力研究范式和性别政治研究框架可以让人从社会结构和性别关系中看到制约和影响男性气质的种种因素，看到男性气质与性别、种族、阶级、身体、年龄、职业、社会制度等要素的内在关联，可以帮助我们分析男性的性别意识和行为背后的社会与文化动因。另外，社会学对性别公正的呼吁有利于改变当今社会依然存在的性别歧视思想，提升人们的性别觉悟。对于文学研究而言，男性气质研究的权力维度更是一种洞悉作品中的人物心理误区、更好地理解人物之间的关系、破解人物之间矛盾以及人物命运根源的一个重要视角。所有这些都是值得肯定的。

　　同时我们也必须看到，由于受其个人的文化立场、学术态度、学科特性等方面的影响和限制，康奈尔与受其影响的部分学者在男性气质的研究视角、运思方式和价值判断等方面也存在一定的偏差和漏洞，过度强调了社会体制、性别等级秩序、权力等因素在男性气质建构和实践中的重要性，把男性气质窄化为一种性别政治。正如龚静总结的那样，这些学者们"往往使用权力、政治等批评话语，在承认男性气质的多样性基础上，坚持将男女两性视为压迫与被压迫、剥削与被剥削的对立关系，认为在当代欧美的性别秩序中，权力关系的主轴是女性的整体地位与男性的统治"[①]。这种研究视域不仅忽略了男性气质在历史与现实生活中的具体文化样态，忽略了男性气质的德性维度，而且忽略了男性气概或男子气概等传统男性气质观念对男性个体思想和行为的影响。另外，虽然康奈尔的男性气质研究体现了一定的跨学科或多学科视野，但他对人类学、哲学、历史

---

① 龚静.销售边缘男性气质——彼得·凯里小说性别与民族身份研究.成都：四川大学出版社，2015：53.

文化学和文学等学科领域的男性气质或男性气概研究的了解还是流于肤浅，对吉尔默等学者的评价也有失公允。

以康奈尔为代表的社会学学者之所以在男性气质研究的学术立场和运思方式方面出现以上问题，与女权主义的影响密不可分。从学科谱系上讲，男性气质之所以在 20 世纪后半期最终成为一门显学和重要研究领域，在一定程度上也得益于女权主义的推动。正如本章所提及的那样，康奈尔等社会学学者的男性气质研究有着浓厚的女权主义或女性主义的印记，甚至可以看作是后者的拓展和延伸，这也让他们在文化立场、学术态度、运思方式和研究视角等方面都存在一定的局限性。总体来看，当今男性研究领域的很多学者都在很大程度上沿袭了女权主义的政治和文化立场，把男性气质与父权制、大男子主义等概念联系在了一起，甚至把它看作是父权制的同谋。在这种政治和文化立场的影响下，这些学者在研究思路上往往把权力关系（power relationship）和性别政治（gender politics）奉为男性气质研究的重要维度。正如叙泽特·希尔德（Suzette Heald）所言，"在女权主义的影响下，男性气质主题现在已经与权力、男性统治和社会结构以及为其服务的意识形态紧密地联系起来，而这些因素合在一起又确保了该权力的合法性与再生产"①。在这方面，康奈尔显然就是一个典型代表。

另外，在女权主义的文化和学术立场的影响下，男性气质社会学研究的一个显著弱点还在于它把现代男性气质的研究与男性气概、男子气概等传统男性气质概念割裂开来，既没有看到男性气概、男子气概等传统男性气质在人类生存和发展中所起到的历史作用，也没有看到传统男性气质所蕴含的诸多精神品质和美德对现代男性气质研究的重要借鉴意义，甚至不加区分地把它们也当作具有男权色彩的概念，从而丧失了现代男性气质研究的源头活水，在新时代男性气质理想重构方面没有太大的作为。

---

① Heald, Suzette. *Manhood and Morality：Sex, Violence and Ritual in Gisu Society.* London：Routledge，1999：2.

　　从男性气质的学科建制和作为一个正式研究领域的确立方面,女权主义或女性主义也起到了重要的推动作用。在很多权威的社会学学者看来,"男性气质研究是女性主义在 20 世纪末的新发展"[①],而且主要的男性气质研究学者几乎都是亲女性主义者(pro-feminist)。在这方面,康奈尔表现得尤为突出。从生理性别来讲,康奈尔是男性,他最初的名字罗伯特·康奈尔(Robert Connell)也是一个典型的男性名字。但为了展示自己的女权主义立场,他将这个男性化的名字改成瑞茵·康奈尔(Raewyn Connell)这一女性化的名字,而且在穿着打扮上也以女性的形象示人。这种身体力行地实践自己学术理念的精神确实让人敬佩。但作为一个社会学学者,对某一群体的情感过度倾斜又是非常危险的,会在一定程度上左右一个学者的学术立场和学术判断,而且还会让其研究方法和视角走向片面和狭隘。

　　事实也确实如此。康奈尔的这种亲女权主义立场让他的男性气质研究体系不可避免地承袭了女权主义理论体系中的某些弱点。在男性气质的文化立场和学术态度方面,康奈尔在总体上把男性气质看成一个负面的问题性概念(problematic concept),忽略了男性气质在历史和现实生活中起到的正面作用,甚至表现出了相当大的性别阴谋论倾向,连"最亲密的情感享受都有可能是对不平等的性别秩序的妥协"[②]。显然,这样的文化立场和学术态度是非常偏激和片面的,不利于人们对男性气质的辩证思考和评价。在运思方式和研究视角方面,康奈尔等学者过度强调权力关系研究视角,过度强调两性之间的权力与等级秩序,把男性与女性对立起来,把男性当成女性的压迫者,认为"女性群体遭受到社会的不公正和不平等待遇,男性群体享有各种权力和特权"[③],而且康奈尔把男性气质

[①]　龚静.销售边缘男性气质——彼得·凯里小说性别与民族身份研究.成都:四川大学出版社,2015:53.

[②]　龚静.销售边缘男性气质——彼得·凯里小说性别与民族身份研究.成都:四川大学出版社,2015:61.

[③]　龚静.销售边缘男性气质——彼得·凯里小说性别与民族身份研究.成都:四川大学出版社,2015:59.

与父权制始终捆绑在一起,把它看成是男人对女人的支配、统治力量和机制,忽视了传统男性气质思想体系中诸多超越权力和统治的美德要素。从很大意义上讲,康奈尔等社会学学者提出的支配性男性气质这一标志性概念就是以父权制社会为背景的,是作为男权思想的同谋身份出现的,而该男性气质形构的性别结构模型同样是建立在权力基础之上的。

必须承认,在促进两性平等、提升女性社会地位和赢取各种权利方面,女权主义思潮和政治运动功不可没。女权主义中的一部分优秀学者把其研究建立在平等和谐的两性伦理基础之上,她们并没有敌视男人,而是把父权制、男权思想和性别歧视等落后制度和思想观念作为其反思和批判的对象,具有一定的人道主义色彩。这种真诚的学术态度和文化立场也赢得了世人的肯定,很多男性学者也加入到了女权主义阵营,成了女权主义思潮和运动的支持者。

但不无遗憾的是,女权主义的话语权更多地掌握在少数极端的女权主义者手里。这些女权主义者把男人作为其批判和攻击的对象,认为"从古至今,男人一直用各种各样的方法来打压女人,社会一直都对女人不公平"①。她们没有意识到,或者根本不愿承认,在人类历史的长河中,男人与女人在大多数情况下是互补与合作的关系,而不是敌对的关系。在我们的日常生活中,除了少数被极端女权主义思想蛊惑的女性外,大多数女性并没有把男性视为敌人,而是把他们当作并肩作战的盟友。但遗憾的是,极端的女权主义者没有看到男人和女人之间在整体上存在的这种阴阳互补、互助合作的关系,片面强调了男人和女人之间的矛盾,人为地把男人和女人分裂成两个相互敌对的阵营。而且这些女权主义者以女权主义代言人自居,频频发表煽动性言论,给很多不明就里的人在两性关系认知方面带来严重误导,同时也给女权主义带来相当大的负面影响。

极端女权主义者的一个致命缺陷就是只看到了两性间的权力问题,过度强调性别政治,而忽略了情感、美德、仁爱等超越性因素在审视和解

---

① 鲍迈斯特.部落动物:关于男人、女人和两性文化的心理学.刘聪慧,刘洁,袁荔,等译.北京:机械工业出版社,2014:9.

决众多性别问题、建构和谐两性关系过程中的重要价值和意义。从历史
和现实生活的角度看，正是男女两性之间的同舟共济、相互扶持，才让
人类超越了种种天灾人祸，走出了各种心理和现实困境。在众多经典
的文学作品中，男女之间的关系也最富诗意和审美特质，男人和女人之
间的爱情也是文学和影视作品中永恒的主题。虽然在现实生活和社会
实践中男人和女人之间也会出现误解，难免会有恩恩怨怨，但纵观诸多
伟大的文学作品，对美好两性关系的追寻一直是文学在性别问题上的
主基调。

　　这一点在很多经典的非裔美国文学作品中都有体现，左拉·尼
尔·赫斯顿(Zora Neale Hurston)的《他们的眼睛望着上帝》(*Their Eyes
Were Watching God*, 1937)就是一个典型的例子，正如伯纳德·W. 贝
尔(Bernard W. Bell)所评断的那样，"《他们的眼睛望着上帝》的隐含作者
和女主人公暗示，一个男人和一个女人之间真诚的爱是互相尊重、共享和
牺牲的一种令人激动的完美关系"[①]。类似的例子还有很多，《杨布拉德》
(*Youngblood*, 1954)中的乔和劳瑞、《孤独的征战》中的戈登和鲁斯、《太
阳下的葡萄干》(*A Raisin in the Sun*, 1959)中的瓦尔特和露丝……他们
不仅能够在反种族歧视和阶级压迫的斗争中相互支持、患难与共，而且也
在冲破父权思想的束缚、构建美好爱情和婚姻生活方面做出了积极的努
力。由于思想文化方面的局限性以及在性别问题方面的认知误区，他们
之间也经常会出现矛盾和冲突，但他们并没有，至少不仅仅凭靠权力的争
夺来解决这些矛盾和冲突，而是更多地通过相互的理解、宽容和彼此的自
我反省实现对各自局限性的超越和美好情爱关系的建构。

　　康奈尔的这一学术缺陷也引起了部分学者重视，伦敦大学著名的男
性气质研究学者维克多·J. 塞德勒(Victor J. Seidler)认为，"康奈尔的著
作不仅含蓄地应和了男人是权力承载者的激进女权主义观念，而且还强
化了一种把男人和女人对立起来的极端二元思维方式，并且以此让男人

---

① 贝尔.非洲裔美国黑人小说及其传统.刘捷,潘明元,石发林,等译.成都:四川人
　民出版社,2000:158.

和男性气质之间的关系日趋简单化。男人被看成某种特定男性气质的实体，并且通过权力关系与后者联系起来。这也强化了男性气质完全可以被当成权力关系看待的观念"①。塞德勒认为康奈尔所痴迷的权力关系研究视角的最大缺陷在于它让人们更难辨识身体、权力、恐惧和情感生活等因素之间的关系："如果我们心目中只剩下干瘪空洞的权力，那么我们就无法阐明身体、权力和情感生活之间的关系。由于康奈尔仅仅在权力视域下审视男性气质，结果与激进的女权主义者一样，他的社会女权主义对于男性的转变以及如何转变缺乏足够的认识。"②而且他还认为康奈尔的男性气质研究框架强化了一种理性主义现代性（rationalist modernity），这种理性主义现代性贬低了男性的觉悟性和情感体验的价值，不利于男性气质的改造。除此之外，有些学者不仅不认为男性气质具有多么大的权力，而且也不认为所有的男性都参与了父权统治："与无所不能、所向披靡的男性气质幻象相反，男性在历史的、文化的和政治的环境中生存，这些因素与所有的男人都参与了父权统治和特权的传统观念相抵牾。"③可以说，塞德勒等学者对康奈尔的男性气质社会学研究的批判还是比较中肯的，这也提醒中国学者在阐述和引用康奈尔的理论和观点的过程中，要对其研究体系中的这些缺陷和学术漏洞保持一定的批判距离。

另外，受其学科特性的限制，康奈尔等社会学家在男性气质研究的运思方式方面具有相当强的共时性特征，缺乏对男性气质的历时性思考，缺乏历史和文化维度。综合社会学研究对象的种种界说，社会学的研究对象主要包括个人及社会行为、社会组织和社会制度、社会关系等方面的内容。根据安东尼·吉登斯（Anthony Giddens）的简单界定，社会学"就是

---

① Seidler，Victor J. *Transforming Masculinities，Men，Cultures，Bodies，Power，Sex and Love*. London：Routledge，2006：5.

② Seidler，Victor J. *Transforming Masculinities，Men，Cultures，Bodies，Power，Sex and Love*. London：Routledge，2006：11.

③ Jeffers，Jennifer M. *Beckett's Masculinity*. New York：Palgrave Macmillan，2009：2.

对人类的社会生活、群体和社会的科学研究"①,其研究的主题就是"作为社会存在的我们自己的行动"②。这种学科特性也在一定程度上决定了康奈尔等社会学家主要在社会体制和种种社会关系中考量男性气质的概念属性和理论框架,而权力正是这些研究思潮的主要阐释概念,正如希尔德所言,"这些现代潮流,虽然其根源不尽相同,但都折射出一种把权力当成一种解释性概念的社会学,而不是老牌的把文化看作是一种道德秩序的涂尔干式的社会学"③。而历史文化学则让我们看到了在西方社会,尤其是在美国这个性别意识较为浓厚、对男性气质较为看重的国度不同历史时期男性气质主导类型的更替和嬗变。

康奈尔认为性别的社会实践性是造成关于男性气质种种争论的根源,认为不同的实践会导致不同的男性气质认知。从实践的角度认识男性气质的确很有创意,让男性气质研究更为动态、多元和具体,避免用一种尺度衡量所有社会形态中的男性气质。这一点也得到学界一定程度的肯定,方刚同样认为,"男性气质是具体的人在具体实践中的过程,没有脱离具体实践的男性气质。因此,对男性气质的分析,实际上是针对男性气质实践的过程的分析"④。但我们在强调性别意识形构的实践性的同时也要注意到,一种性别观念一旦形成并且通过文化、教育和社会习俗的不断强化而深入人心,其对人们思想和行为的影响就会有一定的稳定性和恒定性,会渗透到社会个体的人格体系中。即便在 21 世纪的今天,封建时代的很多性别观念依然在影响和控制着很多人的思想和行为。另外,有关男性气质纷争的根源不仅仅是知识论或方法论的问题,还是一个本体论的问题,一个伦理立场的问题,一个如何看待规范的问题。

从一定意义上讲,康奈尔等社会学家的男性气质研究理论描述性有余而规范性不足,没有在两者之间取得平衡,缺乏必要的建构意识和魄

---

① 吉登斯. 社会学(第五版).李康,译.北京:北京大学出版社,2009:4.
② 吉登斯. 社会学(第五版).李康,译.北京:北京大学出版社,2009:4.
③ Heald, Suzette. *Manhood and Morality*: *Sex*, *Violence and Ritual in Gisu Society*. London: Routledge, 1999: 2.
④ 方刚.男公关——男性气质研究.北京:群众出版社,2011:17.

力,在如何走出当代男性气质危机、重构男性气质理想方面没有太大作为,其倡导的性别公正也缺乏深厚的思想支撑,无法从男性个体生命的终极诉求和人性的超越性机制去审视当代男性气质的种种问题,因而也很难深入人心,很难在男性气质认知与实践方面为世人提供具有正面积极意义的价值取向和评判标准。这也与他对学术研究的认识有关:"学术知识大多采用描述的形式,关注是什么或已是什么,而政治知识多采取积极的形式,关注可做什么以及必定遭受什么。"[1]这种认识有一定的道理,而且在学界持这种观点的人也不少,马修·阿诺德就表达过类似的观点。他在《当前文学批评的功能》("The Function of Criticism at the Present Time",1865)一文中强调了思想和知识的非功利性(disinterestedness),认为"那种要把好的理性思想立刻应用到政治和现实中去的狂热做法是非常有害的"[2]。阿诺德倡导批评的独立性,告诫学者们尽量不受功利思想的影响,强调不带任何功利思想地去"学习和传播世界上最美好的知识和思想"[3],但我们不能因此认为他持有的是一种避世无为的学术观。在《文化与无政府状态——政治与社会批评》(Culture and Anarchy:An Essay in Political and Social Criticism,1869)中,阿诺德就表达了相当高的济世思想:"文化便可恰切地表述为源于对完美的热爱,而非源于好奇;文化即对完美的追寻。它的动力并非只是或首先是追求纯知识的科学热情,而且也是行善的道德热情和社会热情。"[4]可见,自我的完善以及追寻世界上最美好的知识和思想最终是为了更好地行动,是为了道德实践和改造社会。阿诺德之所以不赞同学者或批评家那种急于事功、把心中的构想应用到政治活动中去的做法,主要还是为了避免草率和偏颇,避免一种不成熟的理论或观念可能给人们的思想和行为带来的误导,因为

---

① 康奈尔.男性气质.柳莉,张文霞,张美川,等译.北京:社会科学文献出版社,2003:52.

② Arnold, Matthew. *Essays in Criticism*. London: Macmillan and Co., 1865:12.

③ Arnold, Matthew. *Essays in Criticism*. London: Macmillan and Co., 1865:38.

④ 阿诺德.文化与无政府状态——政治与社会批评.韩敏中,译.北京:生活·读书·新知三联书店,2008:8.

"这些构想因是当前发展阶段的产物,故具有与此相应的一切不完善、不成熟之处"①。因此,我们对已有的思想和理论持一种谨慎的态度是必要的,大胆假设、小心求证的态度也是无可非议的,但如果缺乏了现实关怀和济世思想,则可能导致虚无和犬儒主义,这也是缺乏学术自信和社会担当意识的表现。

可以说,性别规范是男性气质中的重要组成部分,男性气质在一定意义上讲就是各种男性性别规范的总和。男性气质为男性身份和价值的确证制定了一系列的规范和标准,并且希望男性努力接近这一标准。然而在康奈尔看来,很少有男人能够符合上面的"标准"或者是表现出如约翰·韦恩、汉弗莱·博加特(Humphrey Bogart)以及克林特·伊斯特伍德(Clint Eastwood)一样的坚强和独立。因此他认为"男性气质的规范定义面临一个困难,就是实际上没有多少男性符合某种规范标准"②。乍一看,这种观点很务实,而且还具有相当大的现实关怀。在现实生活中,男性千差万别,用同一种标准去审视和评判所有的男性的确不太合理,会给那些没有达到该标准和要求的男性带来焦虑和压力,甚至会导致虚伪和人格扭曲。比如在中国,很多在思想和修为方面没有达到君子标准但非常希望自己被看作君子的男性最终成了伪君子。

但细究之下,这种观点似乎还是流于肤浅。长久来看,这种观念既不利于男性的健康成长,也不利于实现男性个体欲求与社会责任之间的平衡。首先,规范的目的和意义在于约束社会个体的行为,提升他们的素质,发挥他们的潜能,实现他们的价值。规范要想具有一定的引领性,必然会有一定的难度,往往以优秀和卓越为尺度,而不是对平庸和低俗的俯就。因此即便很多男人达不到这些规范,也不能否定这些规范本身的价值。正如很多道德准则,很多人也是做不到,但不能因此说这些道德准则没有存在价值。正如很多法律条文,很多人同样不能遵守,甚至明知故

---

① 阿诺德.文化与无政府状态——政治与社会批评.韩敏中,译.北京:生活·读书·新知三联书店,2008:9.

② 康奈尔.男性气质.柳莉,张文霞,张美川,等译.北京:社会科学文献出版社,2003:108.

犯,但也不能因此取缔这些法律条文。其次,说很多男性气质规范几乎没有人能够达到,其实也是有些夸张,而且低估了人的主体能动性。

更何况人一生下来就要遵守各种规范,有的是伦理道德规范,还有很多不成文的社会习俗,有的干脆以法律条文的方式强制执行。可以说,人的成长和社会化过程就是从遵守规范开始的,是人的社会属性使然,也是个体被他人和社会接纳和认可的必要条件。正所谓国有国法,家有家规,没有了规范不仅让社会个体——至少大多数社会个体——无所适从,缺乏必要的外在管束,而且还会让社会失序。即便有这么多法律和道德规范的存在,仍然还有很多违法乱纪、作奸犯科之人。如果没有了这些规范,可能每个人的人身和财产安全以及正当权益都得不到保障。的确,对于男性气质这样一个复杂的概念,对之给出一个明确定义确实很难,而且很容易被扣上本质主义的帽子,因此回避这一难题确实是个聪明和安全的做法,至少不会遭到激进人士的攻击和诟病。但从另一个角度讲,一种理念,一种研究成果,如果缺乏明确的界定和表达,仅仅停留在解释和描述的层面,其导向性就大打折扣,也很难转化为一种有效的社会实践。

可见,问题的关键不在于有没有规范和标准,而在于怎么看待规范以及制定怎样的规范。异化人性的、虚假的、漠视个体人格尊严和权益的规范当然会给人带来压力、焦虑和痛苦,应当摒弃;但先进的、优良的男性气质规范则既是催人向上、实现个人价值的重要精神力量,同时也对人的种种弱点进行必要的约束。如果说男性因为其性别规范和标准的存在而出现心理问题,那么社会上任何规范和标准都可能给他带来心理问题。问题的关键还要看这种规范是按照什么样的价值取向和标准确立的,这就不可避免地涉及对人性的理解。如果说性别研究是我们更准确地反思和参悟人性的一个重要路径的话,反过来讲,要想弄清楚男性气质或女性气质的本质,同样需要借助对人性的深入思考。

总体来看,人性是一个有着各种可能性的综合体。从人的自然属性的角度看,人是一种趋利避害、好逸恶劳的动物,几乎完全按照生存本能和意志行事,任何责任和道德要求都是违背其本能的。但人的社会属性要求人必须超越其自然属性,克制其动物性本能冲动,凭靠的是"世界上所能了解的最优秀的知识和思想"①,借助的是优秀文化所蕴含的光明和美好以及真、善、美的超越性力量。也就是说,要想被他人接受和在社会上生存,人们都必须接受道德律令和社会规范的约束和指导,就必须具有一定的美德。

对于社会个体而言,美德是对其欲望和行为的一种限制和约束,但同时也是一种保护,正如王海明所说的那样,道德和美德"虽然是对他的某些欲望和自由的压抑、限制,因而是一种害和恶;但就其结果来说,却能够防止更大的害或恶(社会和他人的唾弃、惩罚)和求得更大的利或善(社会和他人的赞许、赏誉),因而是净余额为善的恶,是必要的恶,说到底,也就是真正的利和善"②。从普遍意义上讲,作为具有社会属性的人,如果不能承受这种必要的约束和规范,他不仅很难更好地被他人接受和社会认可,而且也很难有所作为,很难成为一个德才兼备的人。不管后现代、后结构主义对传统思想和价值体系怎样解构,不管自由主义和虚无主义怎样泛滥,有一点是亘古不变的,即社会是需要规范的,人性是需要管理的。

一方面,对于社会个体自身而言,健康的人格需要个人通过长期的品德修养和道德实践不断进行完善。正所谓"苟日新,日日新,又日新",不断实现自我超越,这也是中国的哲学和伦理学一直在强调的。从原则上讲,任何一个男人,经过长期的道德教化和道德实践,通过道德情操的升华和道德意志的磨炼,都有可能变得更加勇敢和坚强,能够克服自身的弱点和缺陷,拥有完善的人格。而一个具有完善人格的人,不仅可以从容面对生命中的一切艰难险阻,而且还会因为内心世界的丰富和道德的高尚而笃定、自信和坚定。可以说,中国哲学或伦理学对人类文明最大的贡献就在于它为个体的人格完善和道德修养的提高提供了一整套路径和方法,可谓体大虑周。在《论语》中,孔子为个体不同人生阶段提出了不同的目标和境界,并且逐渐递升:"吾十有五而志于学,三十而立,四十而不惑,五十而知天命,六十而耳顺,七十而从心所欲,不逾矩。"更为经典的则是

---

① 阿诺德.文化与无政府状态——政治与社会批评.韩敏中,译.北京:生活·读书·新知三联书店,2008:132.
② 王海明.新伦理学.北京:商务印书馆,2008:433.

《中庸》在修身养德方面提出的格物、致知、诚意、正心、修身、齐家、治国、平天下等"八目",并且给出了明晰的进阶路径:"古之欲明明德于天下者,先治其国。欲治其国者,先齐其家。欲齐其家者,先修其身。欲修其身者,先正其心。欲正其心者,先诚其意。欲诚其意者,先致其知。致知在格物。"这些都可以说是对人性的规范、管理和改造。其目的就是让个体超越人性的弱点,让人性中的"明德"得以显现,达到澄澈清明的境界。这些都为个人的修身养德提供了方向和典范。

另一方面,人性的管理还需要外在的监督机制,需要伦理、道德、宗教、社会习俗的约束,必要时甚至还需要法律和政令的强制性约束。因为能够实现自我反思、自我审判并且能够克服贪欲、在利与义之间做出正确选择的毕竟是少数,用孟子的话说就是"惟士为能"。因此,光靠个人的道德自觉和自我完善还是不够的。尤其对于那些缺乏自律、人格不够完善的个体来讲,更需要外在监督机制。明确的规范和律令有利于他们的自我约束,可以减少有悖于道德和法律的行为的发生。

而在实践的层面上,很多道德律令和原则又是靠性别规范得以贯彻和执行的,而男性气质或女性气质则是这些规范和律令的集中体现,"男性气质准确地说就是男人行为的社会规范"[①]。而这些性别规范往往又是通过性别角色的划分得以实施的。按照性别角色观念,"做一个男人或一个妇女就意味着扮演人们对某一性别的一整套期望——'性角色'。根据这一理论,任何文化背景下都有两种性角色:男性角色和女性角色。男性气质和女性气质很容易被解释为内化的性角色,它们是社会习得或'社会化'的产物"[②]。这种界定显然是有一定的现实基础的,是具有社会属性的人所必须面对和接受的。

从伦理的角度来讲,男性角色也是男性伦理身份的具体表现,是男性个体必须承担和履行的责任和义务。从学术研究的社会价值来讲,如果

---

① 康奈尔. 男性气质. 柳莉,张文霞,张美川,等译. 北京:社会科学文献出版社,2003:95.

② 康奈尔. 男性气质. 柳莉,张文霞,张美川,等译. 北京:社会科学文献出版社,2003:29.

因为有些男性达不到这些标准、履行不了这些规范而否定这些标准和规范的价值和存在的必要性，则是一种无原则的迁就，不仅不符合现实，也不利于男性个体自我的完善和家庭与社会责任的担当。这样四平八稳的研究就无关痛痒，或者停留在就事论事的层面，甚至会走向另一个极端：犬儒主义和虚无。就此而言，康奈尔对男性规范的理解的确存在严重缺陷。

然而遗憾的是，很多人文学者似乎没有看到这些潜在问题，缺乏学科意识，没有意识到人文学科在新时代男性气质重构方面的使命和有所作为的地方。尤其在文学研究领域，对社会学男性气质研究成果不加鉴别和批判地搬用严重地影响到文学在男性气质研究方面学术潜力的发挥，忽略了文学家在男性气质认识方面的价值取向、定义和评判标准，无法呈现文学作品中男性气质的丰富性和复杂性，因而也无法深入而全面地展示文学作品在男性气质反思和重构方面蕴含的思想和文化价值。在国内文学研究领域，康奈尔所提出的概念和学术思想几乎具有垄断性地位，对其观点的引用也远远超过了其他任何男性研究学者。可以说，以男性气质为主题词的绝大部分研究成果都是对康奈尔理论体系的阐发和应用。这当然证明了其理论和思想的阐释效度，但也导致了文学领域中男性气质话题研究视野的狭窄以及在其研究理论建构方面缺乏创新和突破，没有在男性气质研究领域做出本学科应有的学术贡献，让整个学科陷入严重的失语状态。

要想打破这一窘境，让文学学科在男性气质话题的研究方面有所作为，除了合理地吸收康奈尔等社会学学者的研究成果和学术思想之外，还要关注人文学科在男性气质方面的研究成果，尤其是那些区别于社会学的概念、界定、立场和研究视角，从而对男性气质话题获得更为全面和深刻的把握。虽然与男性气概等传统男性气质相比，在消费和娱乐为主导的后工业社会，现代男性气质在价值取向和评判标准方面发生了很大的蜕变，传统男性气质美德逐渐被放逐，权力、金钱、身体等外在因素成为男性气质的主要评判指标，但男性气概或男子气概等传统男性气质美德并没有因此而消失，依然是普通民众评判男性的重要尺度，也是诸多文化产品所强调和建构的人格品质。

　　但这些因素在康奈尔的男性气质研究体系中遭到严重的忽略。也许是太想证明自己的男性气质研究的学术性、科学性和权威性,也许是出于对自己研究视角和理论的坚定信念,康奈尔在论证自己观点的同时忽略甚至否定了其他学科或学者的学术思想和成果。另外,对女权主义或女性主义的过度认同也让他在研究视野方面受到了限制,没有意识到其实"任何有关男性气质的研究,都不仅是依赖女性主义运动和女性主义理论以及同性恋研究的发展而发展起来的,还必须包含对其他哲学范畴的讨论"①。尤其对文化人类学、文化历史学、文学和哲学等更具人文特性的学科中的很多观点,他要么从观点上质疑,要么从学术方法上否定,这一点是需要引起我们重视的。正确地对待并认真研读被康奈尔忽略或刻意回避的这些学科领域中的学术思想和研究成果,可以在很大程度上弥补康奈尔男性气质研究体系中的漏洞和缺陷,这也是本书接下来将要做的事情。

---

① 　龚静.销售边缘男性气质——彼得·凯里小说性别与民族身份研究.成都:四川大学出版社,2015:67.

第二章　文化人类学领域中的男子
气概研究

在《男性气质》第一章研究现状回顾中,康奈尔对人类学的研究给予了一定的关注,对玛格丽特·米德(Margaret Mead)的《三个原始社会的性和气质》(*Sex and Temperament in Three Primitive Societies*,1935)、迈克尔·赫茨菲尔德(Michael Herzfeld)的《男子气概诗学》(*The Poetics of Manhood*,1985)、吉尔伯特·赫特(Gilbert Herdt)的《长笛的守护者》(*Guardians of the Flutes*,1981)做了简单的介绍之后,对大卫·D.吉尔默(David D. Gilmore)的文化人类学著作《形构中的男子气概:男性气质的文化观念》(*Manhood in the Making*:*Cultural Concepts of Masculinity*,1990)给予了重点关注,认为该著作是近些年来用人类学对男性气质进行说明的最具雄心的尝试。然而康奈尔对吉尔默的研究基本持否定态度,认为他的著作存在着相当多的混乱,甚至认为"他的著作说明了通过跨文化的归纳建立有关男性气质的实证主义科学是行不通的"①。这种评价显然有点苛刻,甚至有失公允,忽略甚至抹杀了吉尔默这本开拓性著作在对男性气质研究上的学术贡献。

康奈尔之所以对吉尔默的研究如此不以为然,一个根本原因在于他与吉尔默在男性气质的文化立场和价值评判方面存在严重分歧。由于深受女权主义的影响,康奈尔对男性气质主要以批判为主,对男性气质在人类历史和现实生活中所起到的正面积极的作用则很少提及或者有意淡

---

① 康奈尔.男性气质.柳莉,张文霞,张美川,等译.北京:社会科学文献出版社,2003:44.

化。而吉尔默则看到了男性气质，尤其是男子气概在人类历史和现实生活中的积极作用，并且用大量的人类学研究成果证明了男子气概在全球范围内存在的文化基础，这一点显然与康奈尔对男性气质的总体判断和研究理路相悖。另外，康奈尔认为吉尔默这本专著的主要目的是探寻男子气概（manhood）的深层结构和男性气概（manliness）的全球化原型，具有一定的本质主义倾向。对于喜欢在动态性、发展性、相对性、关联性、多元性中审视男性气质的康奈尔来说，这种"深层结构"或"原型"显然既不可能存在，也无探讨的必要。他认为吉尔默的这种实证主义方法事先假定了知识的固定客体，以至于它在所有个案中都是恒定不变的。在康奈尔看来，男子气概或男性气质都不是这样的客体，都不具有恒定性。

的确，全球范围内绝大多数民族和文化对男子气概几乎无一例外的尊崇让吉尔默甚至怀疑是否人类文化中存在一种男子气概的深层结构或原型："存在男子气概（manhood）的深层结构吗？存在男性气概（manliness）的全球化原型吗？"①即便如此，通读全书我们会发现，《形构中的男子气概》的主要工作并不是，至少不仅仅是为了探寻男子气概的深层结构或者男性气概的全球化原型，而是在世界范围内考察不同民族和文化对男子气概的认知、重视度和建构方式。虽然在考察对象中也出现了个别反例，存在着两个不太重视男子气概的部落，但全球绝大多数国家、文化和民族都无比重视男子气概，都苦心孤诣地建构和证明男子气概的事实，也在很大程度上证明了男性气质在全球范围内有着广泛的文化基础。可以说，吉尔默的发现是具有其独立的学术价值的，是比较厚重和具有说服力的。在男性气质备受质疑和诟病的当今社会，这些发现让人们看到了男性气质体系中被以康奈尔为代表的过度看重性别政治和权力秩序的学者们忽略和抹杀的积极因素，这也将会引发人们对男性气质，尤其是男性气概或男子气概等传统男性气质社会价值的再思考，在人类基本的生活和生存层面上审视男性气质。

---

① Gilmore，David D. *Manhood in the Making：Cultural Concepts of Masculinity*. New Haven：Yale University Press，1990：220.

第一节　概念辨析与定义

正如我们在第一章中所提及的那样,对于男性气质这个有着多种维度和面向的文化命题和学术概念,不同的学科和学者所选用的具体概念不尽相同,有的倾向于用男性气概(manliness)或男子气概(manhood),有的倾向于用男性气质(masculinity)。这些概念之间有着一定的共通性,同时也存在微妙的差异,这就需要我们对之保持一定的辨析意识,在对它们的理解和使用方面力求准确到位。在这方面,吉尔默的这本著作颇具启示意义。在该著作中,男性气质、男性气概、男子气概、大男子汉气概等表述男性特质的概念都在不同的场合被使用,有利于我们加深对这些概念的准确认识。

从这本著作主标题"形构中的男子气概"和副标题"男性气质的文化观念"之间的呼应关系可以看出,对于吉尔默而言,男子气概(manhood)包含于男性气质(masculinity)的语义范围之内,是男性气质的文化概念,或者说是文化意义上的男性气质。根据玛莉安·苏兹曼(Marian Sussman)等学者的界定,"男子气概指的是非常勇敢且有决心,如充满男子气概的骑士精神的展现"[①]。可见,与男性气质这一较为宽泛的概念相比,男子气概的思想内涵相对比较集中和明确,更加强调男性气质在文化生活中的具体样态,更加强调男性的精神面貌、人格品质、行为能力和社会责任等内容,具有相当强的美德伦理特性,与现代男性气质的价值取向和评判标准还是有着相当大的区别的。从语体上看,男子气概更为通俗和口语化,具有一定的坊间文化的味道,是民间和大众文化经常使用的概念,而且有着悠久的历史。总体来看,男性气质可以被看作表现男性特征的总体概念,男子气概可以被看作男性气质在文化层面上的概念,两者之间在逻辑上大体可以看作是一种总体和部分、一般和特殊的关系。

---

① 苏兹曼,塔西亚,奥瑞里.未来男性世界.康赟,等译.北京:首都师范大学出版社,2006:236.

另外,这一概念的选择和使用与文化人类学的学科特性和研究对象是比较吻合的。文化人类学的研究方法更注重民族志和田野调查,研究者要经常深入村落、社区和人们的日常生活。而男子气概正是民间日常生活中的惯用概念,比男性气质更直观,与男性品质的关联更紧密,也更接地气。另外,这一概念还带有男性成年期的思想内涵,与男孩期(boyhood)相对位。在很多民族或部落中,从男孩变成男人往往需要举行特定的仪式和考核,而这些都是人类学所关注的对象。所以康奈尔用社会学的视角来批判该著作的研究方法和学术思想本身就不对路子。

康奈尔拐弯抹角地迟迟不肯给男性气质下定义,这与他的学科研究方法论是一致的。这也是他比较聪明的地方,因为一旦给男性气质下了一个明确的定义,自己就犯了他一再声明反对的本质主义,就可能遭人诟病。即便如此,在其著作的字里行间,在其对各种理论的分析和评点当中,我们还是可以大体概括出关于男性气质的"连贯一致的知识"①。比如权力、性征服、暴力、财富等内容基本上构成了现代男性气质的主体要素。然而吉尔默这本立足于对世界各地男子气概形貌实地考察的专著,对男子气概的定义和理解与社会学所发现和强调的男性气质定义和规范有着很大的差异。

在这本专著中,吉尔默把"男子气概(manhood)简单定义为在特定社会一个成年男子应当具有的被认可的行为方式"②。显然,这一简短的定义几乎完全摆脱了权力关系和性别政治的社会学男性气质认知和研究框架,把考量的重心转移到行为方式上,而且是"被认可的"(approved)行为方式,强调了男子气概的外在规范性。这种最终以一个成年男性在既定社会中的行为为价值导向的男子气概,必然非常看重男性个体的人格与精神品质以及安身立命和建功立业的能力,而前者则是后者的心理保障。正因为如此,在男子气概的思想内涵方面,世界各个地区和民族的人民有

---

① 康奈尔. 男性气质. 柳莉,张文霞,张美川,等译. 北京:社会科学文献出版社, 2003:91.

② Gilmore, David D. *Manhood in the Making*:*Cultural Concepts of Masculinity*. New Haven:Yale University Press,1990:1.

着大同小异的认识和界定，都把勇敢、坚强、自信、刚毅、富有责任心等精神品质当作其主要因素。在埃塞俄比亚，人们把男子气概理解为表现出"英勇进取、坚毅、在危险面前大胆勇敢的行为以及在威胁面前永不退缩"[①]。新几内亚人也非常强调勇气的重要性，对他们来说，最糟糕的罪过不是诚实的失败，而是怯懦的退缩。

显然，男子气概思想体系中蕴含着很多被社会学家忽略的积极因素，不能一概抹杀。比如桑比亚(Sambia)等地对男孩子进行教育和成人训练时，就反复强调责任心、节俭、坚韧刚毅和勤劳等美德的重要性。在人类学家熟悉的大多数民族中，"真正的男子气概是一种难能可贵的社会地位和威望，已经远非雄性一词所能涵盖，是男人和男孩们孜孜以求的一种励志形象，也是他们以此审视自己是否具有文化归属感的手段"[②]。可见，从很大意义上讲，男子气概也是一种激励男性奋发向上、追求卓越和优秀的精神力量。

针对何为理想男人或"真正的男人"议题，历史学家艾米利·霍尼格(Emily Honig)和人类学家盖尔·赫施艾特(Gail Hershatter)于 1988 年在中国做了一份详细调查。根据众多信息提供者的观点，"理想男人一定要显示出'勇敢、自信'和其他的一些被人们称之为'男子汉气概'的品性。这一反复被信息提供者提及和非正式讨论的概念，被随意地描述成一种道德勇敢和职场上的积极进取。一个'真正的男人'要训练有素和独立自主，尤其不能依赖女人。他应当要乐于助人并且尊重老人，尤其是他的父母和兄长。他永远都不能是一个抱怨者、依附者或谄媚者"[③]。从调查的结果来看，在中国人的心目中，男子汉气概不仅包含了勇敢、自信、独立自主和职场上的积极进取等共通的美德和精神品质，而且还体现出尊敬长

---

① Gilmore，David D. *Manhood in the Making：Cultural Concepts of Masculinity*. New Haven：Yale University Press，1990：13.

② Gilmore，David D. *Manhood in the Making：Cultural Concepts of Masculinity*. New Haven：Yale University Press，1990：17.

③ Gilmore，David D. *Manhood in the Making：Cultural Concepts of Masculinity*. New Haven：Yale University Press，1990：170.

辈、不怨天尤人、刚正不阿等伦理特性和人格品质，这也可以看作是中国传统文化在男性气质方面的重要贡献。

霍尼格和赫施艾特在对 1988 年之前 20 多年中国通俗文学的研究中发现，关于男性形象的书写贯通其中，并且发现"真正的男人"具有三种品质。第一种品质是坚定和果断。鉴于男人在工作中仍然扮演着主要角色，人们认为男人比女人更需要具有这种品质。第二种品质是无论在身体方面还是精神方面都要强悍有力。相对于女人，人们认为这一点对男人更重要。第三种品质是对工作的献身精神。这一点被认为是真正男人的最突出的品质，而女人则被认为不太需要这种品质，因为人们认为女人的主要精力更应当用在生儿育女方面。[①] 可见，无论外国还是中国，无论西方还是东方，在男子气概的思想和文化内涵方面都有一定的共通性。

第二节　男子气概在全球范围内受到的普遍关注

《形构中的男子气概：男性气质的文化观念》对男性气质研究做出的一大重要贡献在于它让我们看到了男性气质在全球范围内存在的文化基础，证明男性气质在民间和文化中的实存性，让我们认识到约翰·麦克恩斯(John MacInnes)等男性气质终结论者的虚无本质，也有力地确证了男性气质研究的社会价值与学术合法性。

吉尔默通过对来自西班牙、密克罗尼西亚的特鲁克岛、巴西、肯尼亚、新几内亚、东南亚等世界各地民族志的研究发现，除了塔希提岛人和马来西亚的西迈人之外，绝大多数民族、社会和部落都表现出对男子气概的无比热衷，发现"把男子气概当成一种有着特殊地位的成就类型的观念和焦虑，在世界各地的社会中广泛存在"[②]。在南太平洋的特鲁克岛，当地人对男子气概的热衷到了无以复加的程度。为了证明其男子气概，他们甚

---

① Gilmore，David D. *Manhood in the Making：Cultural Concepts of Masculinity*. New Haven：Yale University Press，1990：172.

② Gilmore，David D. *Manhood in the Making：Cultural Concepts of Masculinity*. New Haven：Yale University Press，1990：4.

至置生死于不顾；为了拥有男子汉形象（manly image），男人们甘愿冒生命危险，正如本地人所说的那样，"他们心中总是想着'伟大的'或'具有男性气概的'思想（manly thoughts）"①。他们用深海捕鱼的方式挑战命运，他们一旦在这种挑战面前畏缩不前，就会被其他男性同伴和女性耻笑，被认为是娘娘腔、孩子气、缺乏男子气概。在希腊爱琴海的卡林诺斯岛上，当地男人为了证明他们无比珍视的男子气概，往往对死亡表现出不屑一顾的神态。吉尔默还发现，即便在一个把温和与合作看得高于一切的文化中，男孩子们也必须通过技能和忍耐力的考核才能获得成为男人的资格，那种认为男子气概是成功战胜在危险面前临阵脱逃冲动的观念，在那些不怎么崇尚超男子气（super-masculinity）的文化中照样存在。

研究还发现，在中国有关男女关系的通俗读物中，"'男子汉气概'和他的关联词'男子汉'被反复提及"②。在拉丁美洲，男人每天都要勇敢面对挑战和侮辱，以此证明其男子气概。为此，他们甚至可以微笑着走向死亡。在美国，男子气概更是受到整个民族热衷的东西，人们对它的痴迷达到了不可思议的程度。虽然男子气概一直被女权主义者质疑，"但几十年来，男子气概的这种英雄形象在各种美国文化背景中得到广泛认可，从意大利裔美国黑帮文化到好莱坞的西部片、私家侦探故事、最近流行的兰博形象，再到孩子们玩的颇显男子气概的玩偶和游戏，可以说，男子气概的英雄形象已经在美国男性心中根深蒂固"③。对于美国南方人而言，男子气概更是让他们引以为豪的东西。无论属于哪个阶层，他们都非常强调男子气概的荣耀，把它看作是南方品格的典型特征，一种战斗原则。

另外，在世界各地部族社会盛行的男性成年礼（rite of passage），同样体现了男子气概受重视的程度和普遍性。根据成年礼的文化习俗，从

---

① Gilmore，David D. *Manhood in the Making：Cultural Concepts of Masculinity*. New Haven：Yale University Press，1990：12.

② Gilmore，David D. *Manhood in the Making：Cultural Concepts of Masculinity*. New Haven：Yale University Press，1990：172.

③ Gilmore，David D. *Manhood in the Making：Cultural Concepts of Masculinity*. New Haven：Yale University Press，1990：20.

男孩到男人的成长仪式一般要经历三个阶段：分离、转变和融入。[①] 在新几内亚男性的成年礼实施过程中，男孩子要与母亲分离，要"经受无数考验和粗暴的欺辱，其中包括肉体上的殴打或痛苦的放血仪式"[②]。在东非，男孩子要想成为男人就要在青少年阶段接受血淋淋的割礼，并且在面临刀割之痛时不能表现出任何畏缩。可见，这种成年仪式其实主要是对男孩的勇敢、坚强等意志品质的考验。除此之外，在男权社会，男性的成人仪式也是神化男性身份、显示其优越地位的一种方式。在这样的社会中，"这些仪式往往要么给男性蒙上一种神秘色彩，让他们凌驾于女性之上；要么促进男性之间的团结，这反过来更助长了这种优越感"[③]。但在多数情况下，对男子气概的建构和考验一直是这些成年仪式的主要目的。对于桑比亚人而言，拥有男子气概就是男性参与成年仪式最强劲的动力。

在世界范围内人们对男子气概的这种普遍关注和热衷也让吉尔默产生了一种幻觉，怀疑是否存在一种男性气质的"深层结构"，不然的话怎么能解释人类在男子气概的重视程度、考验和测评方式以及男子气概的建构策略等方面存在着如此一致的相似性？这个问题很难回答。但如此众多的案例至少可以证明男子气概在世界范围内有着深厚的文化基础。而且它备受瞩目和关注也绝非偶然，而是由其所具有的社会文化价值决定的，与人类的存续和发展有关，与个体的成长和自我身份认同有关。

第三节　自我欲求与社会期待

如何看待男性个体自我欲求与社会期待之间的关系是男性气质研究必须正面对待的问题，而且在这方面学界依然存在很大的分歧。康奈尔

---

① Gilmore，David D. *Manhood in the Making*：*Cultural Concepts of Masculinity*. New Haven：Yale University Press，1990：124.

② Gilmore，David D. *Manhood in the Making*：*Cultural Concepts of Masculinity*. New Haven：Yale University Press，1990：156.

③ Gilmore，David D. *Manhood in the Making*：*Cultural Concepts of Masculinity*. New Haven：Yale University Press，1990：166-167.

以父权制社会为研究背景,把支配性男性气质看作父权制的同谋,其目的是为了实现男性对女性的统治。从这个角度讲,男性是支配性男性气质的受益者,因而与后者之间应该具有统一性。但他在很大程度上忽略了所谓的支配性男性气质给男性个体带来的焦虑、压力和伤害。之所以如此,主要是因为康奈尔秉承的是女权主义视角,更多地在两性关系、性别秩序、性别政治等维度考量男性气质,忽略了在现实生活中男性的自我欲求和心理感受与男性气质规范和社会期待之间的复杂关系。男性气质研究学者约翰·斯道尔坦伯格(John Stoltenberg)则悲观地认为"'男子气概'所了解和接受的东西——忠实于性别与'做一个男子汉'诉求的人格与行为认同——与真实的、充满激情的、完整的自我是格格不入的"[1]。安东尼·J. 勒梅尔(Anthony J. Lemelle)同样认为"规范与角色外在于个体而存在,社会通过种种社会关系把这些规范强加在个体身上"[2]。显然,他更多地把男子气概看作一种外在强加的性别规范,与个体真实的自我之间存在着尖锐的矛盾,而且他还认为男性气概建构与实践必定会给他人带来负面影响。

而吉尔默则采用了不同的方法论和研究视角,实现了"文化唯物主义与人格分析心理学的结合"[3]。这一视角不再把男性个体诉求与社会对男性的性别期待对立起来,而是让我们看到了两者之间在一定程度上获得平衡和统一的可能性:"作为一个社会成员,个体要在两套要求之间获得平衡,一种要求来自其自身的心理冲突;另一种要求具有外在性,是其遵从文化以期被其接受的结果。个体行为可以看作是在这些相互分离但又相互矛盾的压力作用下一种折中的处理方式。"[4]与康奈尔等社会学学

[1] Stoltenberg, John. *The End of Manhood: A Book for Men of Conscience.* New York: Plume, 1994: Prolog xiv.

[2] Lemelle, Anthony J. *Black Masculinity and Sexual Politics.* New York: Routledge, 2010: 16.

[3] Gilmore, David D. *Manhood in the Making: Cultural Concepts of Masculinity.* New Haven: Yale University Press, 1990: 5.

[4] Gilmore, David D. *Manhood in the Making: Cultural Concepts of Masculinity.* New Haven: Yale University Press, 1990: 5.

者一味强调个体与社会体制和文化规范之间的对抗性不同,人类学家认为道德和文化有弥合自我与社会矛盾、平衡个体与集体利益冲突的功效,道德准则和文化规范鼓励人们在满足自我欲望的同时,也把社会事业作为自己追求的目标,从而把个人欲求与集体目标协调起来。

的确,在任何时代,个体的自我诉求与社会期待永远都处在一定的张力关系之中。对于男性个体而言,任何一个极端都不可取:一味特立独行和我行我素会让个体不被社会和他人接受,失去归属感和群众基础,也不利于个体生命价值的发挥;如果不加区分地对既定社会男性气质规范进行盲目遵从,又将丧失自我,陷入人格危机。在个体的自我诉求与社会期待和规范之间,吉尔默显然把重心放在后者身上,强调了男性气质规范和习俗对个体思想和行为的强大影响力和引导性。这一权重显然具有相当强的现实性。在实际生活中,面对强大的男性气质文化传统和社会习俗,大部分人更多地选择了遵从,力求让自己的行为符合男性气质规范。从另一个角度来说,男性对既定社会男性气质的认同也是其遵从文化习俗、以期被其接受的结果。吉尔默发现,在多数地方,力求让自己的表现符合公众心目中的男子气概形象是一个反复被提及的话题。在吉尔默看来,"我们不仅可以把男子气概看作是一种通向自我扩大和心理拓展的渠道,而且——更为重要的是——也可以把它看作是让男性融入社会的方式,是他们归属于一个残酷和险恶世界的方式"[①]。这一点与社会学家审视男性气质的尺度显然相去甚远。在康奈尔的男性气质理论体系中,我们几乎看不到男性气质对个人成长和融入社会方面有什么正面积极的作用。社会学家受其男性气质研究视角和学术立场的影响,看不到在社会的物质环境与它的意识形态之间,在个人主体能动性与社会限定性之间,存在着一种互惠互利的关系,而是一味强调两者之间的对抗性和不相容性。可见,人类学家的这一视角有力弥补了社会学家权力政治视角的不足,为人们全面公正地看待男性气质做出了贡献。

---

① 　Gilmore, David D. *Manhood in the Making: Cultural Concepts of Masculinity*. New Haven: Yale University Press, 1990: 224.

第四节 男子气概的重要性及其原因

吉尔默等人类学家让我们看到了文化意义上的男性气质——男子气概的诸多正面积极的价值和意义,在家庭和族群的生存和发展中所扮演的重要角色。在地中海地区,男性气概不仅体现了个人的荣誉和尊严,而且给其拥有者的家庭和村落带来安全:"多数男性都对男性气概(manliness)形象表现出无比的忠诚,因为它是他们个人荣誉和名望的一部分。但这种形象不仅给其拥有者带来尊敬,而且还给他的家庭、家族或村落带来安全,因为这些有着同一集体身份的群体,会受益于该男子的声望并得到它的保护。"[①]可以说,男子气概是男性美德和精神品质的集大成者,其终极意义在于克服人性弱点、实现自我完善和保障社会的有序和安全:"男子气概是社会集体为了防御混乱无序、人类公敌、自然力、岁月损耗、各种人性弱点等对集体生活有害的因素而建立起来的一道社会屏障。"[②]可见,无论对个体的成长与完善,还是对集体与社会的有序发展和繁荣,男子气概都扮演着重要角色,发挥着积极的作用。

一方面,从人性的角度看,人人都有好逸恶劳、趋利避害的本能,而这个竞争性的世界则要求人们要有足够的勇气和意志力,去面对压力和挑战,面对可能的挫折和打击,而男子气概正是一种让男性克服畏惧心理、勇往直前、面对一切艰难险阻的精神力量。正如吉尔默所言,"由于人们普遍具有逃离危险的冲动,我们会认为'真正的'男子气概是在对匮乏的资源进行社会争夺过程中让男性有着卓越表现的诱导因素"[③]。可见,男子气概是促进男性个体在严苛的竞争环境中奋发向上、追求卓越的推动力。

---

① Gilmore, David D. *Manhood in the Making*: *Cultural Concepts of Masculinity*. New Haven: Yale University Press, 1990: 31.

② Gilmore, David D. *Manhood in the Making*: *Cultural Concepts of Masculinity*. New Haven: Yale University Press, 1990: 226.

③ Gilmore, David D. *Manhood in the Making*: *Cultural Concepts of Masculinity*. New Haven: Yale University Press, 1990: 223.

　　另一方面,男子气概的最终宗旨更是为了确保男性能够在面临个体损失和牺牲的情况下,依然能够履行自己的性别角色,完成自己对部族或社群生存和繁荣所肩负的使命:"在履行职责时,男人往往要蒙受损失——这种无时不在的威胁把他们与女人和男孩划分开来。他们可能会丧失名声甚至生命,但他们被分派的任务必须得完成,这样其所在的群体才能得以生存和兴旺发达。"①对于桑比亚的男性来说,男子气概不是一项可有可无的精神品质,而是他们身为男人的宿命。要想让家庭和族群存续和兴旺发达,他们必须拿出点男子气概来,因为"战争需要它,狩猎需要它,女人渴望它"②。可见,男子气概之所以在很多部族和社会如此重要,主要的原因在于它所强调的美德和精神品质对于部族和社会的存续和繁荣有着决定性意义。即便备受诟病的日本男子气概也有一些不可忽略的积极因素,比如对工作尽心尽责、遵守纪律、有共同的目标、勤勉和坚韧不拔等等。

　　除此之外,男子气概的意义还体现在它是男性的一种道德约束力。吉尔默认为,虽然女性在很多方面与男性没什么差别,虽然她们也需要学会自我控制和自律,有时候要付出很大的个人代价,但女性在一般情况下总是要受到男性的控制。因为男人通常行使着政治或法律上的权威,因为他们更加高大和强壮,在传统道德不起作用的情况下,他们通常能够用武力上的威胁强迫女性就范。然而男人,尤其在一个自由散漫的社会环境中,不总是生活在他人的统治之下,因而很难对其进行社会控制。也许正是由于这一差别的存在,社会才需要一种特殊的道德体系(真正的男子气概)来确保男性自愿地接受某些恰当的行为规范。也同样由于这个原因,男子气概意识形态在平等竞争的社会中更为显著。③也就是说,当正式的外在约束不在的时候,内化的道德规范就必须发挥作用,确保其职责的履

---

① Gilmore, David D. *Manhood in the Making : Cultural Concepts of Masculinity*. New Haven: Yale University Press, 1990: 223.

② Gilmore, David D. *Manhood in the Making : Cultural Concepts of Masculinity*. New Haven: Yale University Press, 1990: 150.

③ Gilmore, David D. *Manhood in the Making : Cultural Concepts of Masculinity*. New Haven: Yale University Press, 1990: 221.

行。可以说,吉尔默的这一论断是非常深刻的,也是很多社会学学者没有想到的。社会学学者更多地看到了支配性男性气质对女性和其他男性统治和压制的一面,忽略了文化层面的男性气质对男性自身的道德约束性。

第五节　为男子气概一辩

在很多女权或亲女权主义者的研究视野中,男性气质是父权制的同谋,目的是保障男性的主导和统治地位以及女性的从属和被统治地位,而且无论在经济关系还是在情感关系中,都渗透着这种权力政治。然而吉尔默等人类学家的研究让我们看到,男子气概与父权制之间并不一定是共谋关系,父权思想也并非男子气概思想体系的主基调,男子气概的建构与实践并不是以统治和压迫女性为主旨的。男子气概关注更多的是男性何为,强调的是男性在家庭和社会中应当扮演怎样的角色,承担怎样的责任,应当怎样富有尊严和价值地活着。南非、博茨瓦纳的布须曼(Bushman)男性就是一个典型的例子。在当地社会生活中,他们秉承着一种"性别平等理想",没有热衷于维护自己在性别秩序中的权威地位。但即便在这样一个性别平等的社会中,男孩子在成为男人之前,也要经历各种考验:"这些性格温和、主张平等主义的、没有性别歧视观念的布须曼男孩在成为男人之前,必须经受极端的物质匮乏和身心疲惫,必须学会适应环境,学会对自我和环境的掌控。这种成人仪式看上去与认为男性成人仪式毫无例外或主要是为了向他们灌输男性统治思想的观点似乎不是很一致。何人受益? 当然是每个人。"[①]这一案例再次有力地证明了人们对男子气概的重视并非出于捍卫父权制和男权思想的目的,证明了康奈尔等社会学学者在男性气质方面所惯用的性别政治或权力关系研究视角,无法全面呈现男子气概的特性和社会价值,这种看似聪明的性别"阴谋论"会让人过多地纠结于权力的争斗和利益的博弈,对于铸造伟大的灵

---

① Gilmore, David D. *Manhood in the Making : Cultural Concepts of Masculinity*. New Haven: Yale University Press, 1990: 168.

魂和人格没有太大贡献。

可以说，吉尔默在从事这项研究、撰写这本专著之时，正是男性气质备受责难和诟病之际。学界对现代男性气质种种弊端的质疑和一边倒的否定也让男子气概备受牵连，被那些热衷于性别政治却缺乏文化热度的学者不加辨别地打入冷宫。这些思潮让吉尔默深受触动，让他几乎相信他的这项研究将会证明甚嚣尘上的种种对男子气概诟病的合理性。然而结果却出乎他的意料："我原以为会重新发现那句认为传统女性气质是育养性和被动的而男性气质则是以利己、自我为中心和冷漠无情的老话，但这句老话所描述的情形我并没有发现。我在此发现的一个实际情况则是，男子气概意识形态总是把无私的慷慨——甚至到了一种自我牺牲的程度——作为一个评判标准。而且我们一再发现，'真正的'男子汉是那些给予多于索取的人，是那些为他人服务的人。真正的男子汉是慷慨的，即便错置了对象。"①遗憾的是，在康奈尔等学者的著述中，男子气概的这层品质却很少被提及。而康奈尔对吉尔默的评判也主要停留在研究方法和理论视角方面，对吉尔默在男子气概文化内涵方面的这些重要发现却避而不谈。

吉尔默对男子气概的辩护以及对女权主义或女性主义的回应还在于他在男性的价值和功能方面提出了"育养性"（nurturing）这一概念，以此重申男性为家庭和社会所做的贡献："那些小气吝啬而且庸碌无为的男人在人们心中不是真正的男子汉。因此，男子气概也是一种育养性概念，如果我们把育养性定义为一种给予、扶助或他者导向概念的话。不可否认，这种男性给予不同于女性给予，它没有后者那么外露，也比后者更为隐蔽。它没有那么直接，也缺乏即时性，涉及很多外在因素。"②而且他不带偏见地区分了男性的育养性与女性的育养性的差别：女性以一种直接的方式育养他人，她们是用她们的身体做到这一点的，用她们的乳汁和爱。这是非常具有牺牲精神的，也是非常慷慨的，为人类的繁衍做出了重大的

---

① Gilmore，David D. *Manhood in the Making：Cultural Concepts of Masculinity*. New Haven：Yale University Press，1990：229.

② Gilmore，David D. *Manhood in the Making：Cultural Concepts of Masculinity*. New Haven：Yale University Press，1990：229.

贡献。但不能忽略的是，"真正的"男人同样具有育养性，虽然他们并不喜欢别人这么说。他们的供养是间接的，因此也很难对其概念化。男人通过流血、流汗甚至付出生命的方式育养社会，通过给妻儿带回食物、抚养孩子的方式育养社会。为了给同胞们提供一个安全的居所，他们必要时可以在遥远的地方献出生命。从给予和增值意义上讲，这同样是一种育养的形式。然而，这种男性贡献所需要的人格品质却恰恰悖论性地走向了西方人所认定的育养性人格的反面。为了供养他的家庭，男人必须离乡背井，到远处狩猎或参加战争；为了对家人慈爱，他们必须让自己足够强硬，才能使敌人不敢来侵犯。为了做到慷慨，他必须非常自私，才能积攒下财物——这种财物通常是打败别的男性获得的；为了做到蔼可亲，他必须首先在敌人面前表现得勇敢坚强，甚至冷酷无情。①

最后，吉尔默对男子气概给出了一个坚实有力、笃定明确的价值判定："只要有仗要打，有战争要赢取，有高度需要跨越，有艰苦工作需要完成，我们中的一些人就必须'像男子汉那样行动'。"②的确，当战争爆发，当天灾人祸来临之际，无论古今中外，冲在前头的往往是男性。人类在把最艰险、最苦累的任务交给男人的同时，也把男人履行职责时所需要的或者展现出来的精神和胆魄称为男子气概。男子气概之所以被人认可和尊敬，正是因为它的目标是家庭、部族乃至国家的生存和强大，这是它的初衷。现代人显然已经忘记了那个血与火的年代，渺小的心灵当然也无法感受英雄时代的伟大胸襟。在这个平民社会和消费时代，财富、权力和性成了现代男性气质的主导因素。现代男性也许比以往任何时代的都聪明，都善于将自身利益最大化，却缺乏伟大胸怀和英雄气概，因此这样的男性气质价值取向和评判标准只能造就渺小和平庸。就此而言，吉尔默的这本著作一再强调的勇敢、慷慨、自律等被现代男性气质遗忘的品德，至少可以让现代男性感受到一种伟大灵魂和人格的召唤。

---

① Gilmore，David D. *Manhood in the Making：Cultural Concepts of Masculinity*. New Haven：Yale University Press，1990：230.

② Gilmore，David D. *Manhood in the Making：Cultural Concepts of Masculinity*. New Haven：Yale University Press，1990：231.

第三章 文化心理学领域中的男子气概研究

　　大卫·D.吉尔默让我们看到了男性气质的文化概念——男子气概在全球范围内存在的文化基础,看到了男子气概在人类生存和发展史中所起到的积极作用以及在当今人类社会中依然具有的现实意义,看到了男子气概在男性个体身份确证过程中所扮演的重要角色。然而文化为什么选择了男性气质而不是女性气质作为性别气质的理想典范? 文化对男性气质如此顶礼膜拜的动机是什么? 为什么男性气质总是需要证明并且总是处于动荡之中? 著名的心理学家罗伊·F.鲍迈斯特(Roy F. Baumeister)的文化心理学专著《部落动物:关于男人、女人和两性文化的心理学》(*Is There Anything Good about Men? How Cultures Flourish by Exploiting Men*,2010)对这些问题的思考和解答为我们提供了另一条线索,深刻地揭示了文化对男人和男子气概的征用及其操作机制,展示了文化与男子气概互动关系的另一层面。

第一节　对两性差异的再思考

　　与康奈尔男性气质研究的亲女权主义文化立场和运思方式有所不同的是,鲍迈斯特的男性气质研究是建立在对女权主义辩证性的反思基础之上的,这也从根本上使其男性气质研究的客观性和公正性获得了保障。一方面,他承认女权主义所做出的伟大贡献,认为"女权主义中所蕴含的深刻而优秀的思想使我们朝着真理又迈进了一步"①；另一方面，他也直言不讳地指出女权主义，尤其是激进的女权主义的弊端，认为"女权主义也是仇恨的培养基，其中不乏有人怀有私人的政治企图"②。鲍迈斯特称那些比较教条化和极端化的女权主义者为"虚构的女权主义者"，正是这些"虚构的女权主义者"把女权主义"演变成充满敌意、排斥男人的运动"③，他们"思想的核心是认为男性一直都是女性的敌人，他们获得的一切都是靠压迫剥削女性得来的"④。鲍迈斯特认为极端的女权主义者所犯的一个巨大错误在于把所有的男人当成了批判和打击的对象，"认为现有的文化和社会是男人们的巨大阴谋——男人沆瀣一气、一致对外"⑤。对此，鲍迈斯特做出了中肯并且真诚的回应。

　　一方面，鲍迈斯特认为在现实生活中很多女性并不认同极端女权主义者的观点和言论，认为"在现实生活中，大多数女人也没把男人当成敌人——除了极少数受到女权主义思潮严重影响的人"⑥。这也说明极端的女权主义者并不能代表所有女性的意愿和利益，而且也并非所有的男性都把女性当成统治和压迫的对象。极端女权主义者对男性的诋毁会在女性群体当中无端地培养对男性的敌对情绪，让那些不明就里的女性受到误导和蛊惑，不利于健康婚恋观的树立，这一点的确是极端的女权主义者需要反思的。

　　另一方面，鲍迈斯特认为男女之间应当是合作互补的关系，而不是敌

---

① 鲍迈斯特.部落动物：关于男人、女人和两性文化的心理学.刘聪慧,刘洁,袁荔,等译.北京：机械工业出版社,2014：6.

② 鲍迈斯特.部落动物：关于男人、女人和两性文化的心理学.刘聪慧,刘洁,袁荔,等译.北京：机械工业出版社,2014：6.

③ 鲍迈斯特.部落动物：关于男人、女人和两性文化的心理学.刘聪慧,刘洁,袁荔,等译.北京：机械工业出版社,2014：6.

④ 鲍迈斯特.部落动物：关于男人、女人和两性文化的心理学.刘聪慧,刘洁,袁荔,等译.北京：机械工业出版社,2014：8.

⑤ 鲍迈斯特.部落动物：关于男人、女人和两性文化的心理学.刘聪慧,刘洁,袁荔,等译.北京：机械工业出版社,2014：136.

⑥ 鲍迈斯特.部落动物：关于男人、女人和两性文化的心理学.刘聪慧,刘洁,袁荔,等译.北京：机械工业出版社,2014：4.

对的关系:"在我们的社会文化中,男人与女人是互补的,他们相互影响、相互融合,不是对立的阵营。"[①]而且鲍迈斯特还认为男人与女人是史上最佳拍档,"拍档之间自然免不了分工的差异,但是,他们有着共同的目标,为了共同的福祉奋斗"[②]。相比极端女权主义对两性关系的对立性思考,也许鲍迈斯特的这种观点更具建设性。无论历史上还是当下现实生活中,正是男女两性之间的同舟共济和齐心协力,人类才战胜了种种天灾人祸,繁衍至今,而男女之爱更是给人世生活增添了激情和浪漫,给枯燥的生活带来了憧憬和美好。这个世界上确实不乏大男子主义者,也有很多顽固的父权思想的维护者,但他们并非生来如此,他们种种不觉悟的思想和行为是受男权文化和父权制影响和毒害的结果。就此而言,女权主义者的批判对象应当是男权文化和父权制,而不是男性。无论男性阵营还是女性阵营,都有觉悟者和不觉悟者,都有与时俱进的人和因循守旧的人。因为有些不觉悟的男性的存在而对所有的男性都进行否定,实在有失公允;因为男女之间存在的某些矛盾而否定了两性关系的友好、亲密与和谐,是非常具有误导性的。这样只会以偏概全,抹杀个体差异性,强化已有的性别刻板印象,不利于和谐两性关系的形成。可以说,鲍迈斯特对女权主义中的某些过于偏激的思想的反思对于当下男性气质的研究有着重要意义。因为从学科的谱系的角度看,作为性别研究中的一大分支,男性气质研究的兴起与女权主义有着紧密的关联,如果缺乏对女权主义中的某些片面思想的清醒认识,则很容易受其误导,犯下根本性的错误。

在对某些片面思想反思的基础上,鲍迈斯特提出了一种更为包容、更为客观的两性观,认为男女两性各有优势和劣势,"如果女人天生更擅长做某些事情,那么,她们也可能在另一些方面表现得略逊色于男人。男人

---

① 鲍迈斯特.部落动物:关于男人、女人和两性文化的心理学.刘聪慧,刘洁,袁荔,等译.北京:机械工业出版社,2014:2.

② 鲍迈斯特.部落动物:关于男人、女人和两性文化的心理学.刘聪慧,刘洁,袁荔,等译.北京:机械工业出版社,2014:4.

也是一样的道理"①。鲍迈斯特很乐观地看待这些差异,认为有差异是正常的,"男人与女人本就不一样,成功的文化正是由于可以很好地运用男人和女人的优势,取长补短"②。可见,问题的关键不在于有没有差异,而是如何权衡和利用这些差异,使男女两性之间形成一种优势互补的合作的关系。比如,"照顾婴儿需要十足的温柔、慈爱、敏感和细腻",这正好是很多女性擅长的事情。而在狩猎和战争中,温柔、慈爱、敏感和细腻反而有碍于赢得胜利,对苦痛和死亡的过度敏感会让战士畏缩不前。行军打仗需要的是杀伐果断,需要的是勇敢无畏、一往无前,这是很多男人擅长的事情,因为"战争是很残酷的,一秒钟的迟疑就有可能导致致命的伤害。因此,战士们不能太多愁善感,要有大无畏的精神"③,这也是古今中外战争更多地由男人参与的重要原因。另外,男女两性的分工与合作也是文化发展之所需,"文化使男人和女人发挥各自的优势,将适合的人分配到适合的位置,从而使其价值最大化"④。那些试图消弭男女两性差异,从而取缔性别角色的学者显然严重忽略了这一点。

　　鲍迈斯特批判了要么认为男人更好、要么认为女人更好、要么认为他们本质上是一样的三种观点,认为男女两性各有所长,关键是权衡:"再强调一遍,我们本就没有什么高下好坏之分。适合男人做的事情,未必适合女人;男人在这方面擅长,在另一方面可能就不擅长,反过来也是一样。这些都是权衡。"⑤基于这种认识,鲍迈斯特提出了第四种观点,认为"男

---

①　鲍迈斯特.部落动物:关于男人、女人和两性文化的心理学.刘聪慧,刘洁,袁荔,等译.北京:机械工业出版社,2014:28.

②　鲍迈斯特.部落动物:关于男人、女人和两性文化的心理学.刘聪慧,刘洁,袁荔,等译.北京:机械工业出版社,2014:11.

③　鲍迈斯特.部落动物:关于男人、女人和两性文化的心理学.刘聪慧,刘洁,袁荔,等译.北京:机械工业出版社,2014:28.

④　鲍迈斯特.部落动物:关于男人、女人和两性文化的心理学.刘聪慧,刘洁,袁荔,等译.北京:机械工业出版社,2014:27.

⑤　鲍迈斯特.部落动物:关于男人、女人和两性文化的心理学.刘聪慧,刘洁,袁荔,等译.北京:机械工业出版社,2014:67.

人与女人是不同的,但他们又是平等的"①。与前面三种观点相比,这种观点显然更客观,更科学,既尊重事实,又富有人道精神。男女两性在政治权利和各种机会面前理应是平等的,但因为男女两性在生理和心理方面存在差异,又有不同的性别角色和分工,从而构成了互补与合作的关系。这种对两性差异的开明态度有利于纠正人们在两性差异问题上秉承的那种孰优孰劣的二元等级思维定式,客观公正地看待男性气质,避免把男性气质看作男性优越于女性的东西,也不再把男性气质看作是支配和统治女性的力量。

第二节　男性社交模式对男性气质的影响

在鲍迈斯特看来,女人更擅长"小圈子"的人际交往,男人更擅长"大圈子"的人际交往②,因而也"更适合大型组织的相处模式——包括竞争、合作、沟通与武力征服"③。之所以如此,是因为"女人的大脑更善于处理感性事件,她们的移情能力、情绪敏感度更高,更善于捕捉微妙的情绪。相比之下,男人的大脑善于逻辑和系统分析,他们对抽象事物、运行机制及其关系更感兴趣"④。这也在一定程度上为女性气质的感性倾向和男性气质的理性倾向提供了一定的科学基础。在现实生活中,理性并且具有较强逻辑思维的女性并不少见,但总体上看,男性比女性更为理性、更擅长逻辑推理也是事实。男性擅长的这种社交模式不仅让他们在人类文化的贡献方面有着更为突出的表现,在客观上拥有了更高的社会地位,而且对男性气质的形塑也有着深远的影响,是男性气质体系中理性、勇敢和

①　鲍迈斯特.部落动物:关于男人、女人和两性文化的心理学.刘聪慧,刘洁,袁荔,等译.北京:机械工业出版社,2014:27.

②　鲍迈斯特.部落动物:关于男人、女人和两性文化的心理学.刘聪慧,刘洁,袁荔,等译.北京:机械工业出版社,2014:65.

③　鲍迈斯特.部落动物:关于男人、女人和两性文化的心理学.刘聪慧,刘洁,袁荔,等译.北京:机械工业出版社,2014:3.

④　鲍迈斯特.部落动物:关于男人、女人和两性文化的心理学.刘聪慧,刘洁,袁荔,等译.北京:机械工业出版社,2014:62.

独立等几个重要特性背后的文化心理动因。

　　首先,"大圈子"的社交模式让男性气质表现得更为理性,而在情感方面则表现得较为克制。在现实生活中,男性更倾向于隐藏而不是随意表露自己的情感和情绪。对于这一现象,人们给出的解释是,轻易表露情感是女性气质的特征,因此男人如果无法控制自己的情感则是缺乏男性气质的表现。这当然是一个原因,但还仅限于一种刻板印象层面。鲍迈斯特的研究让我们看到了男性气质这一特性背后的文化和现实层面。正如上文所言,男性更喜欢并擅长"大圈子"的人际交往,更喜欢并擅长在大型组织、机构中工作,而在这种"大圈子"的组织生活中,人们是很难像在"小圈子"的交际中那么坦诚和亲密无间的。尤其在生意场上,"如果你让对方觉察你的情绪变化,很可能影响对方对你的判断,进而影响谈判。经验告诉我们,在这样的场合,不动声色、有所保留、审慎行事才是更好的策略"①。在这种情况下,"得意忘形是谈判的大敌""即使是积极的情绪,有时候也需要隐藏"。② 可见,男性气质之所以存在压抑甚至排斥情感的倾向,还是有一定的客观原因的。当今社会,在大规模组织和机构中工作的女性越来越多,而且她们也干得相当出色,很多女性已经跻身于很多大型机构和组织的中高层。但在人类历史的长河中,大规模的组织和机构往往由男人主宰,而男性气质也在这种文化氛围中慢慢被形塑和建构着。

　　以哭泣为例。一般而论,哭泣是一个人强烈情感的真实流露和释放,但在不同的"圈子"当中和不同的对象面前,其效果是截然不同的。在朋友和亲人面前,哭泣行为体现了对朋友或亲人的信赖,能够得到对方的理解、关心和同情。但在关系疏淡的人,尤其是在竞争对手面前,哭泣则是脆弱的表现。在这种情况下,"'哭'不会带来关心,只会暴露自己的不自

①　鲍迈斯特.部落动物:关于男人、女人和两性文化的心理学.刘聪慧,刘洁,袁荔,等译.北京:机械工业出版社,2014:68.

②　鲍迈斯特.部落动物:关于男人、女人和两性文化的心理学.刘聪慧,刘洁,袁荔,等译.北京:机械工业出版社,2014:68.

信,加速失败"①。就此而言,男儿有泪不轻弹,还不仅仅是因为哭泣会让男人显得缺乏男性气概,而且还在于哭泣不利于男人事业的成功和目标的达成,这也是男人哭泣的次数总体上比女人少的重要原因。

其次,"大圈子"的社交模式和工作方式也导致男性气质更加强调勇敢这一美德。以恐惧为例。恐惧是人们在面临危险和挑战时体验到的一种惯常心理。然而,在一个大的组织中,"恐惧会暴露你的弱点,这正是竞争对手求之不得的"②。在惯常以男性为主导的军队这一大型组织中,无论对于高级指挥将领,还是普通士兵,恐惧都是最为消极的一种情感。而且在军队中,"恐惧是会传染的,试想一下,大敌将至,军队里弥漫着恐惧的情绪,我不认为它有任何战胜的可能性。一个在战场上还瑟瑟发抖的士兵注定是死路一条"③。所谓两军相争勇者胜,就是这个道理。可见,勇气在很多时候不是可有可无的人格品质,而是一种至关重要的生存策略。也许正是这个原因,在古希腊,勇敢被看作是第一美德,而男性气概就直接被定义为一种抵制恐惧的德性。

在和平年代,对在大规模的团队和公司企业中工作的男性来说,其男性气质则更多表现为"有魄力",即一种身处困境时的担当意识和处理问题的能力。在鲍迈斯特看来,"'有魄力'是指在危机情况下,一个人愿意站出来,主持大局,左右形势的发展。这时候,这个人不可能照顾到所有人的想法和情绪,也不能太容易妥协"④。除了一定的专业素质和技术外,勇敢在"有魄力"当中始终扮演着极为重要的角色。虽然人们常说艺高人胆大,那也是相对而言;要想真正有胆识和魄力,除了一定的先天因素之外,还需要一定的强化和磨炼。总之,要想在"大圈子"里生存,要想

---

① 鲍迈斯特.部落动物:关于男人、女人和两性文化的心理学.刘聪慧,刘洁,袁荔,等译.北京:机械工业出版社,2014:68.

② 鲍迈斯特.部落动物:关于男人、女人和两性文化的心理学.刘聪慧,刘洁,袁荔,等译.北京:机械工业出版社,2014:68.

③ 鲍迈斯特.部落动物:关于男人、女人和两性文化的心理学.刘聪慧,刘洁,袁荔,等译.北京:机械工业出版社,2014:68.

④ 鲍迈斯特.部落动物:关于男人、女人和两性文化的心理学.刘聪慧,刘洁,袁荔,等译.北京:机械工业出版社,2014:73.

在大型组织中"有魄力",没有几分勇气是不行的。

再次,男性的"大圈子"社交模式和大规模组织机构中的工作环境,也强化了其男性气质中的成就导向以及对个体的独立性和特殊价值的重视,强化了其追求卓越与优秀的欲求。男人的"大圈子"生存环境迫使"男人更强调自己的独特之处,尤其是他们与众不同的特质"①,很重视自己的不可或缺性,这样才不会轻易被所在的机构替换掉。就以乐队中的某个乐手为例,"如果你是乐队中唯一会长号的人,那么,无论你个性可不可爱,乐队都要保留你(哪怕你很难相处)。但是,即使你人再好,如果你什么都不会,乐队也不会有你的一席之地。可是,即使一个母亲不会吹小号,她的孩子依然喜欢她(即使她真的会,她的孩子也不一定喜欢),她的丈夫依然喜欢她。亲密关系要求女人更加设身处地,站在别人的角度思考问题,而非保持高度独立性"②。可见,在一个个人关系松散、竞争却非常激烈的大规模组织中,对于男人而言,"有更好的、与众不同的能力与专长是巩固自己地位的唯一途径"③。然而值得反思的是,对男性技能或才能的片面强调也会在一定程度上忽略男性的内在人格的完善和精神品质的提升,导致男性气质的功利性倾向,现代男性气质的缺陷由此可见一斑。因此,如何在两者之间取得平衡是一个重要议题。

第三节　文化的特性与男人的文化创造

鲍迈斯特的这本专著的另一大贡献在于它提出了一种与众不同的文化观,阐发了文化对人类生存和发展的重大意义以及文化对人类社会发展的规约性和调控性,并且揭示了男性擅长的"大圈子"社交模式与他们

① 鲍迈斯特.部落动物:关于男人、女人和两性文化的心理学.刘聪慧,刘洁,袁荔,等译.北京:机械工业出版社,2014:74.
② 鲍迈斯特.部落动物:关于男人、女人和两性文化的心理学.刘聪慧,刘洁,袁荔,等译.北京:机械工业出版社,2014:74.
③ 鲍迈斯特.部落动物:关于男人、女人和两性文化的心理学.刘聪慧,刘洁,袁荔,等译.北京:机械工业出版社,2014:75.

在文化创建中独特贡献之间的关联,为男性在人类大多数历史时期所具有的较高文化地位提供了一种解释视角。这些对我们打破已有的对男性的刻板认知、全面深入地了解男性气质特性具有重要的启示。

从定义上看,鲍迈斯特所阐发的文化既不是马修·阿诺德所说的世界上最好的知识和思想,也不是雷蒙德·威廉姆斯所定义的一切生活方式的总和,而是有着更多的能动性,是一种似乎有着一定意志和欲求的有机体,看似无形却有形,看似无情却有情,推动和调试着人类的存续和繁衍。在鲍迈斯特看来,文化有以下特性:"文化是一个系统。文化让群体更有组织、有系统,使组织中的个体更好地分工与合作。其次,文化是一个群体的共性,一个人无法独占文化,只有一群人,或者一个社会才有文化。……文化是信息的集合,并且至少包括两类:一类是共同的信念与价值观;另一类是共享的知识和技能。其中,语言是人类信息传递的重要标志。"[①]从以上文化定义中可以看出,文化具有系统性、组织性、群体性、信息性等特性,而这些特性更青睐"大圈子"的交际模式,这也让更擅长"大圈子"交际模式的男性有了更大的参与度。

从功能上看,文化致力于满足人们的各种需求,人们的衣食住行、医疗、教育都需要文化。这是文化对个人和群体的生存和发展所起到的积极作用。在我们的日常生活中,文化具有相当大的指导作用,告诉我们什么是有益的,什么是有害的。同时文化还具有一定的保护作用,"文化是一个庇护所,保障我们的基本权利"[②]。在男女两性社会价值实现方面,文化通过性别角色和性别劳动分工让男性和女性各自的优势得到充分的发挥。因此,"即使是对文化抱怨最多、批评最严厉的人也都是文化的受益者"[③]。然而,文化要想存续和繁荣,还需要满足以下几个重要条件。

---

① 鲍迈斯特.部落动物:关于男人、女人和两性文化的心理学.刘聪慧,刘洁,袁荔,等译.北京:机械工业出版社,2014:82.
② 鲍迈斯特.部落动物:关于男人、女人和两性文化的心理学.刘聪慧,刘洁,袁荔,等译.北京:机械工业出版社,2014:81.
③ 鲍迈斯特.部落动物:关于男人、女人和两性文化的心理学.刘聪慧,刘洁,袁荔,等译.北京:机械工业出版社,2014:85.

首先,文化要满足人们的基本物质需求:"文化是一群人的系统,只有满足群体中个体的基本需求,文化才能继续存在并发展。"①在鲍迈斯特看来,任何时候,满足基本需求都是文化的首要任务,一种"饥寒交迫"的文化不会长久,并且时刻有被其他文化侵吞的危险。其次,文化的存续还需要一定的军事实力。一个不鼓励创新或军事不够强硬的文化在没有对手窥视的前提下可以存活。可是,"一旦出现一个更加强大的军事集团,这种保守、温和的文化将会立刻被替代,旧的王朝只有覆灭的命运"②。此时的文化其实在一定意义上等同于民族和国家了。再次,文化的存续还需要稳定与进步,常年的战乱与政治运动不利于文化的存续和繁荣。最后,文化的繁荣还需要有一定的人口,因为文化产生于群体,并促进社会群体不断进步。因此,"群体越大,文化越发达"③。总之,文化是一群人为了更好地群居而发展出来的一套系统:"文化是一种生物学的策略,是一群人旨在改善生存和繁衍的一种方式;文化在竞争中不断创新,不断进步。"④文化所具有的以上特性为更适合于"大圈子"社交模式的男性在文化的创造方面做出了更大的贡献,同时也赋予了男性更高的社会地位。

一方面,男性的大脑和心理特征使他们更适合并且更愿意投入到文化创建和发展过程之中。最新的神经科学研究表明,女人的大脑更适于"产生移情感受(关注并理解他人感受的能力)",而男人的大脑更适于"系统与逻辑关系。文化正是一个复杂而庞大的系统"⑤。相比之下,女性喜欢和擅长的一对一式的"小圈子"社会关系让女人不太适应这种群体性

---

① 鲍迈斯特.部落动物:关于男人、女人和两性文化的心理学.刘聪慧,刘洁,袁荔,等译.北京:机械工业出版社,2014:93.
② 鲍迈斯特.部落动物:关于男人、女人和两性文化的心理学.刘聪慧,刘洁,袁荔,等译.北京:机械工业出版社,2014:91-92.
③ 鲍迈斯特.部落动物:关于男人、女人和两性文化的心理学.刘聪慧,刘洁,袁荔,等译.北京:机械工业出版社,2014:101.
④ 鲍迈斯特.部落动物:关于男人、女人和两性文化的心理学.刘聪慧,刘洁,袁荔,等译.北京:机械工业出版社,2014:96.
⑤ 鲍迈斯特.部落动物:关于男人、女人和两性文化的心理学.刘聪慧,刘洁,袁荔,等译.北京:机械工业出版社,2014:114.

的、大规模的文化机制:"女人被大自然设计成能更好地创造和维持亲密的、有爱心的、一对一的关系。男人被设计成善于在较大的群体和系统里发挥功能。而较大群体的人们的信息共享程度、分工精细化(程度)以及贸易网络,也相应比较大。因此,文化更容易从男人中产生,而不是女人。换句话说,男人比女人更可能创造一种文化,并享受文化所带来的益处。"①但这只能说是大体上或趋势性的一种判定。综观当今社会,在大型的组织机构中纵横驰骋、叱咤风云的女性并不少见;同样,擅长"小圈子"交际、擅长一对一的交流、倾向于独处的男性也比比皆是,很多文学家、艺术家和科学家都属于这种类型。

除此之外,鲍迈斯特还认为女性也缺乏参与和创建文化的强烈欲求和动机,她们更喜欢和擅长一对一的亲密关系:"女人不是不能创建和发展文化。女人只是更喜欢投入到一对一的爱和支持的亲密关系中,做很好的照料和抚育者,而不喜欢创建大型社会组织过程中的残酷竞争和挑战。"②女性所喜欢和擅长的一对一的亲密关系和"小圈子"交际模式对于养育后代有利,而男人在文化创建和发展中做出了更多的贡献:"男人的社交领域和交往模式更适合创造文化,实际上人类文化大都出自男人的领域。"③这一论断可以得到一定的统计学数据的支撑。可以说,影响人类文明进程的大多数发现和创举都来自男性,这的确也是个事实。对此,我们只能说男女之间确实存在性别差异,但如果因此对男性和女性进行孰优孰劣的价值判定,那就荒谬至极了。

另一方面,从客观现实的角度看,对文化创建和发展做出的卓越贡献也的确让男性拥有了更高的社会地位:"男人之所以得到了更高的社会地

---

① 鲍迈斯特.部落动物:关于男人、女人和两性文化的心理学.刘聪慧,刘洁,袁荔,等译.北京:机械工业出版社,2014:90.

② 鲍迈斯特.部落动物:关于男人、女人和两性文化的心理学.刘聪慧,刘洁,袁荔,等译.北京:机械工业出版社,2014:116.

③ 鲍迈斯特.部落动物:关于男人、女人和两性文化的心理学.刘聪慧,刘洁,袁荔,等译.北京:机械工业出版社,2014:102.

位,是因为财富、知识及权力都是由男人缔造。"①这也在相当大的程度上带来了两性的不平等:"文化是从男人的圈子中兴起的,这才是性别不平等的根本原因。"②对此,鲍迈斯特做出了公正的判断:"如果真要说谁的工作更重要,我认为是女人。如果没有女人养育并照料下一代,那么无论是小部落还是整个人类,都无法延续下去。但是,由于文化是由男人创造的,所以文化自然会更加认同和重视男人的贡献,这对女人来讲的确有些不公平。"③这显然是一种既看到了两性不平等的客观原因又兼顾了人道主义精神的评判态度。至此,鲍迈斯特从文化创造参与度和贡献度的角度向世人展示了两性社会地位不平等的一个重要原因。

第四节　文化对男性的剥削及其利用机制

然而不无悖论意味的是,男人在拥有这种看似较高社会地位的同时也遭到文化的无情剥削:"文化也会使用残忍的、破坏性的方式利用男人,无论是自然还是文化都更倾向于将男人当做牺牲品。"④这一点也是由文化的特性及其存续和繁荣的诉求决定的。为了自身的存续和繁荣,文化注定要牺牲一部分的利益甚至生命。既然女性承担着人类自身生产和文化延续的重大使命,在某些生死存亡的关键时刻,男性就成了需要率先做出牺牲的群体。在这本专著中,鲍迈斯特坦言"这是一本关于文化如何'剥削'男人的书。它'利用'男人得到自己'要'得到的东西"⑤。换句话

---

① 鲍迈斯特.部落动物:关于男人、女人和两性文化的心理学.刘聪慧,刘洁,袁荔,等译.北京:机械工业出版社,2014:102.
② 鲍迈斯特.部落动物:关于男人、女人和两性文化的心理学.刘聪慧,刘洁,袁荔,等译.北京:机械工业出版社,2014:102.
③ 鲍迈斯特.部落动物:关于男人、女人和两性文化的心理学.刘聪慧,刘洁,袁荔,等译.北京:机械工业出版社,2014:104.
④ 鲍迈斯特.部落动物:关于男人、女人和两性文化的心理学.刘聪慧,刘洁,袁荔,等译.北京:机械工业出版社,2014:206.
⑤ 鲍迈斯特.部落动物:关于男人、女人和两性文化的心理学.刘聪慧,刘洁,袁荔,等译.北京:机械工业出版社,2014:91.

说,男人的可牺牲性是文化得以存续和繁荣的基础,文化的发展往往建立在对男人无情利用的基础之上,有时甚至让他们付出生命。这一研究视角也在很大程度上颠覆了女权主义惯常持有的男性是女性的压迫者、男性气质凌驾于女性气质之上的传统观念,还原了现实世界中男性的真实生存境遇。

首先,文化无情地降低了男性的生命价值,选择了把男性当成可牺牲的性别。在极端的女权主义者和亲女权主义者眼中,男性普遍拥有较高的社会地位,在两性关系中总是以统治者和支配者自居。而在鲍迈斯特看来,这种刻板成见与现实生活中多数男性的生存境遇不符。处于权力金字塔尖上的仅仅是少数,大多数男性在权力秩序中更多地处于从属地位。尤其在生命价值方面,男人的生命价值远远要比女人的生命价值廉价:"大部分男人都知道,在危机状况中,他们应当一死以救女人。这是男女不平等的一个例子。男人的生命似乎更为廉价。理解这一价值低估是理解文化如何剥削男人的一大关键。"①

即便是身处上层社会的男性也不如一个下层阶层女性的生命重要。即便在承认性别平等的国度中,男人在关键的时候可以理所当然地被牺牲掉,而女人则不然。②这一点从震惊世界的"泰坦尼克号"沉船事件中就可以看出。

按理说,在遇到类似天灾人祸之时,上层社会人士比下层社会人士更容易生还,但这一法则似乎仅仅在同一性别阵营内部有效。在女性的性别优势面前,男性的阶级优势荡然无存,这在"泰坦尼克号"沉船事件中得到了典型体现。根据"泰坦尼克号"事件生还者的数据统计,"最富的男人的生还率(34%)还不如最穷的女人(46%)"③。可见,男性的阶级优势远

①　鲍迈斯特.部落动物:关于男人、女人和两性文化的心理学.刘聪慧,刘洁,袁荔,等译.北京:机械工业出版社,2014:118.

②　鲍迈斯特.部落动物:关于男人、女人和两性文化的心理学.刘聪慧,刘洁,袁荔,等译.北京:机械工业出版社,2014:128.

③　鲍迈斯特.部落动物:关于男人、女人和两性文化的心理学.刘聪慧,刘洁,袁荔,等译.北京:机械工业出版社,2014:120.

不如女性的性别优势:"'泰坦尼克号'上的一些人正是所谓的父权领袖,但是他们的命仍旧比不上那些坐在下等舱,甚至算不上体面的女人。这些女人无权、无钱、无势,只是凭着她们的性别优势就可以得到救生艇上宝贵的座位,而那些衣冠楚楚的绅士们则站在甲板上眼睁睁地看着她们离开。"①可见,在两性的生命价值对比方面,文化赋予女性更高的生命价值。众所周知,父权制和男权文化往往被看作是对男性利益的维护和对女性的统治和压迫。按照这种逻辑,在"泰坦尼克号"沉船事件中,优先走上救生艇的应当是男性,获救最多的也应当是男性,但一个不可否认的事实则是:"救生艇上的座位被让给了女人,男人则在甲板上等死。"②的确,与所谓的权力、地位、身份等"身外之物"相比,生命应当是最为宝贵者,是人的最高利益所在。然而在这一事件中,被认为捍卫男性权益的父权制并没有按照权力政治的逻辑行事,而是把生命这一至高无上的权益更多地分配给了女性。通过对这一典型事件的解读,鲍迈斯特向我们展示了男女不平等的另一版本,揭示了被性别政治话语所遮蔽的真相。

鲍迈斯特深刻地指出,社会更重视男人的劳动成果,但却会更多地牺牲男人。在人类历史的长河中,男人比女人从事更多的危险工作,甚至因工作和责任而死亡。男人比女人更多地被处以死刑。并且,与世界历史中的许多其他国家一样,"当需要人面对战场的危险来保护文化的时候,我们的社会也通常让男人去牺牲"③。这一点也为男子气概的一项重要思想内涵的社会根源提供了某种意义上的解释。从很大程度上讲,"男子气概意味着付出"④,意味着牺牲,"风险性和可牺牲性是男子气概的重要

① 鲍迈斯特.部落动物:关于男人、女人和两性文化的心理学.刘聪慧,刘洁,袁荔,等译.北京:机械工业出版社,2014:121.
② 鲍迈斯特.部落动物:关于男人、女人和两性文化的心理学.刘聪慧,刘洁,袁荔,等译.北京:机械工业出版社,2014:120.
③ 鲍迈斯特.部落动物:关于男人、女人和两性文化的心理学.刘聪慧,刘洁,袁荔,等译.北京:机械工业出版社,2014:119.
④ 鲍迈斯特.部落动物:关于男人、女人和两性文化的心理学.刘聪慧,刘洁,袁荔,等译.北京:机械工业出版社,2014:160.

方面"①。这也提醒性别研究和男性研究学者,在研究过程中不要被性别政治和权力话语中的片面观念误导,不要被性别刻板成见束缚,而是要拓宽视野,对男性或女性在人类历史和现实生活中的真实处境予以关注。

其次,文化还在男性之间的竞争过程中获利。在一些极端的女权主义者看来,男人所拥有的较高社会地位和在各个领域获得的成功主要依赖其性别上的特权或优势,甚至是通过对女性的压迫得以实现。然而,来自女权主义阵营内部一位学者的切身体验却有力地批驳了这种观念。为了体验一下男人这一"特权"群体的生活,感受一下男人被认为所拥有的性别优越性,女权主义者诺拉·文森特(Norah Vincent)扮装成男人在这一性别群体中生活了几个月,结果她亲身所经历的一切与极端女权主义者所宣扬的东西大相径庭。其中,"男人必须通过竞争才能赢得尊重这一事实是对她最大的震撼之一"②。身为一个"男人",她不但没有享受到她所期待的特权,也没有感受到任何性别优势,而是"惊讶地发现自己扮演一个辛苦、艰难的角色"③,每一点成就的获得都要付出无比艰辛的努力。切身的经历让她认识到男人根本没有拥有所谓的成功的特权,即便有,这些特权也是"男人通过漫长、艰苦,又毫无结果保障的挣扎奋斗赚来的"④。相比之下,她还是觉得自己在女性阵营里更为惬意。这一案例在鲍迈斯特的这本专著中被反复提及,有力地反驳了男性性别特权论,证明了那种把男性的成功归咎于男性性别优势的说法是不太准确的,对大众的思想和行为是有一定误导性的。

再次,文化还极力削减对男性的尊重,并且在男性拼命获取尊重的过程中获利。尊重或尊严是人之为人的一大需求。根据马斯洛的需求层次

---

① 鲍迈斯特.部落动物:关于男人、女人和两性文化的心理学.刘聪慧,刘洁,袁荔,等译.北京:机械工业出版社,2014:140.

② 鲍迈斯特.部落动物:关于男人、女人和两性文化的心理学.刘聪慧,刘洁,袁荔,等译.北京:机械工业出版社,2014:153.

③ 鲍迈斯特.部落动物:关于男人、女人和两性文化的心理学.刘聪慧,刘洁,袁荔,等译.北京:机械工业出版社,2014:153.

④ 鲍迈斯特.部落动物:关于男人、女人和两性文化的心理学.刘聪慧,刘洁,袁荔,等译.北京:机械工业出版社,2014:153.

理论,来自他人和社会的尊重是个体继生理需求、安全需求、情感和归属需求之后的第四大需求。然而在鲍迈斯特看来,在尊重的分配方面,文化同样没有做到公平,而是把更多的尊重分配给了女人:"长久以来的文化传统通常认为女人天生是值得尊重的。"①对于女人而言,她们"天生应当被尊重是得到普遍认同的。在最糟糕的情况下,女人会因为做了一些社会认为不名誉的事情失去这份尊重。除了这种情况,她(们)都是应该被尊重的"②。然而文化在对男人的尊重匹配方面则格外吝啬:"男人则需要通过努力做事、超过其他男人来赢得尊重。"③也就是说,"男人本不该受尊重,除非他赢得它"④。这是男女不平等的另一种表现,只不过不是人们惯常认定的那种男尊女卑式的不平等,而是相反。

在鲍迈斯特看来,这种对男女尊重方面的不平等分配正是文化剥削男人的机制:"许多文化激励和剥削男人的方式都缺乏对男人的尊重,这是问题的关键。"⑤对男人而言,尊重不是免费的午餐,他们必须通过努力赚取尊重,在此之前他们则要忍受别人的轻视甚至侮辱:"许多组织中男人必须忍受日常的不尊重直到他们证明自己值得尊重。尊重匮乏提醒他们证明自己是个男人很重要、赚取别人的尊重很重要,他们必须这么做以求不再受那些司空见惯的侮辱。"⑥男人要想赢得尊重,就需要在事业上

---

① 鲍迈斯特.部落动物:关于男人、女人和两性文化的心理学.刘聪慧,刘洁,袁荔,等译.北京:机械工业出版社,2014:146.
② 鲍迈斯特.部落动物:关于男人、女人和两性文化的心理学.刘聪慧,刘洁,袁荔,等译.北京:机械工业出版社,2014:146.
③ 鲍迈斯特.部落动物:关于男人、女人和两性文化的心理学.刘聪慧,刘洁,袁荔,等译.北京:机械工业出版社,2014:149.
④ 鲍迈斯特.部落动物:关于男人、女人和两性文化的心理学.刘聪慧,刘洁,袁荔,等译.北京:机械工业出版社,2014:146.
⑤ 鲍迈斯特.部落动物:关于男人、女人和两性文化的心理学.刘聪慧,刘洁,袁荔,等译.北京:机械工业出版社,2014:174.
⑥ 鲍迈斯特.部落动物:关于男人、女人和两性文化的心理学.刘聪慧,刘洁,袁荔,等译.北京:机械工业出版社,2014:146.

有所成就,就需要"不断地攫取、超越、占领"①,就要追求卓越和伟大,就要拼搏,就要成功,而文化就在男人的拼搏中得以存续和繁荣,因为一个追求伟大和卓越的男人最多的文化,往往是最成功的文化。

就以美国为例,"美国的伟大成就主要来源于美国男人的奋斗、竞争和贡献"②。美国之所以在几百年之内发展成为世界最强大的国家,在科技、军事和经济方面都处于领先地位,"要大大归功于它为名望和财富竞争提供的机会,从而吸引了数不清的杰出男人来贡献他们最好的东西"③。鲍迈斯特认为美国的伟大成就主要来源于美国男人的奋斗、竞争和贡献。虽然通往金字塔的道路陡峭而残忍,自然驱使所有男人都争做头马,其中大部分注定要失败,但即便如此,文化也可以从这个过程中大大获利。鲍迈斯特犀利地看到了文化利益最大化不必以个人利益最大化为前提,为了获取成功,为了获得他人和社会的尊重,男人要做出巨大的牺牲,付出沉重的代价。

第五节　男子气概的确证与文化的繁荣

与尊重相关的当然是男子气概,男子气概的有无是男性是否受到尊重的重要因素,有时候甚至是决定性因素。与尊重这一较为笼统的概念相比,男子气概不但有着较强的性别意味,而且还具有较强的规范性。为了激励男人奋发图强,文化在男子气概方面可谓煞费苦心,无所不用其极,不仅让男子气概成为男人身份的核心要素,而且让男子气概成为一种通过艰辛努力才能获得的东西,其为男子气概制定的种种标准和规范,也是以文化自身发展和繁荣为宗旨,这对于我们深入理解男子气概这一传

---

①　鲍迈斯特.部落动物:关于男人、女人和两性文化的心理学.刘聪慧,刘洁,袁荔,等译.北京:机械工业出版社,2014:147.

②　鲍迈斯特.部落动物:关于男人、女人和两性文化的心理学.刘聪慧,刘洁,袁荔,等译.北京:机械工业出版社,2014:161.

③　鲍迈斯特.部落动物:关于男人、女人和两性文化的心理学.刘聪慧,刘洁,袁荔,等译.北京:机械工业出版社,2014:161.

统男性气质的特性有着重要启示。

　　一方面,文化剥夺了男性身份的天生给定性,让男性始终处于身份的危机之中,使之不得不为了确证自己的身份而拼搏。而作为男性身份的核心要素,男子气概同样是需要通过艰辛的努力才能赢得的东西。在世界很多地方,男孩无法随着年龄的增长自然成为男人,许多文化都要求男孩在宣称自己是男子汉之前先给出充分的证据。这就是在当今社会依然存在男性"成年礼"的一个重要文化动因。在一些地方,男孩必须通过痛苦的生理测试仪式才能成为男人,如果一个男孩没有通过测试,他就仍然是一个男孩,就仍然得不到尊重。简单来说,"每个成年女子都是女人,但不是每个成年男子都是男人"①。从一定意义上讲,西蒙·波伏娃(Simone Beauvoir)提出的那句"女人不是生成的,女人是变成的"名言同样适合,甚至更为适合男性,正如鲍迈斯特所言,"从女孩到女人的转变被视为一个成长和身体逐渐变化的生理过程,它是自然而然、无可置疑的。但男孩到男人的转变则被视为一个艰苦的过程,取决于取得的成就和赢得尊重的社会事件","男人是造就而成的,不是天生的,造就一个男人的过程就算不危险也是充满挑战的"。②

　　鲍迈斯特深刻地指出,对于女人而言,"她已经是个女人,她知道这一点,这个男人也知道。她不用证明这件事。但当他的男子气概被质疑的时候,他不能只是大声说'我就是个男人',他得做点什么证明这一点"③。正因为如此,无论告诉女人她更像男人还是女人,她都可能表现得比较平静。但男人的反应则截然不同。当男人被告知他像个女人时,他就会表现得非常烦躁和焦虑,并表现出相当大的攻击性,因为男子气概的有无直接关涉一个男人男性身份的确证:"告诉一名男人他没有男子气概是对他

---

① 鲍迈斯特.部落动物:关于男人、女人和两性文化的心理学.刘聪慧,刘洁,袁荔,等译.北京:机械工业出版社,2014:145.

② 鲍迈斯特.部落动物:关于男人、女人和两性文化的心理学.刘聪慧,刘洁,袁荔,等译.北京:机械工业出版社,2014:149.

③ 鲍迈斯特.部落动物:关于男人、女人和两性文化的心理学.刘聪慧,刘洁,袁荔,等译.北京:机械工业出版社,2014:145.

的自我同一性的很大威胁。男子气概必须赢得,发现自己更像个女人意味着你没能赢得男子气概。"①然而男子气概的获得并非轻而易举的事情,而且即便暂时赢得了也不会一劳永逸,将来也很可能会失去,这也无形中增加了男人的压力和焦虑。

另一方面,为了自身的存续和繁荣,文化根据需求为男子气概确立相应的价值取向、评判标准和性别规范,这些标准和规范往往还会随着时代的变化而变化。比如,在一个强敌环伺、危机四伏的生存环境里,文化则更多地把战场上的英勇无畏和冲锋陷阵的胆魄视为男子气概的标准;在一个食物匮乏的部落,捕猎就可能是男性证明自己的方式。而在一个相对比较和平的工业文明时代,男子气概的标准就可能蜕变为一种赚大钱的能力。不仅如此,文化还定义了伟大,而伟大的定义往往又与在满足男子气概标准的事情上做得很多很好联系在一起。如果捕猎是证明男子气概的标准,那么卓越的捕猎成绩就可能是伟大的标准。可以说,文化正是从这些伟大男人的行为和成就中获得了自身的发展和繁荣。首先,文化过多地强调了成功、财富、地位等因素在男子气概证明过程中的主导地位,这一点从社会对男人的评价标准中就可见一斑。正如鲍迈斯特所言,"男人在被社会或者被他们想吸引的女人评价,评价标准是他们的成就以及伴随着这些成就的地位和金钱",结果"男人的一生都绕着取得地位转"。② 这也不可避免地给男性个体的心理和人格带来了严重的困扰,但同时也为他们的努力进取提供了动力,不管努力的目标是为了财富还是地位。其次,文化强调了自力更生和自给自足在男子气概中的重要意义:"男子气意味着自给自足。如果一个男子不能挣足够的钱,不能为自己买足够的食物,而要靠别人支持,那么这个男子就不是个男人。"③这一点与

---

① 鲍迈斯特.部落动物:关于男人、女人和两性文化的心理学.刘聪慧,刘洁,袁荔,等译.北京:机械工业出版社,2014:150.
② 鲍迈斯特.部落动物:关于男人、女人和两性文化的心理学.刘聪慧,刘洁,袁荔,等译.北京:机械工业出版社,2014:148.
③ 鲍迈斯特.部落动物:关于男人、女人和两性文化的心理学.刘聪慧,刘洁,袁荔,等译.北京:机械工业出版社,2014:153.

女性的评价标准显然有所不同。在人类历史的很多时候，"自给自足不是做女人的标准。历史上许多女人都（是）靠男人供养的，但这无损于她应得的尊重。她们仍是女人。但一个靠别人养活的男人则不算是个真正的男人"①。除了自给自足、能够养活自己之外，男人还要具有生产多于消费的能力："在一个文化中定义一个男人是否有男子气概的核心成就是：这个男人的生产是否多于消费。"②也就是说，一个男人必须生产足够的东西，创造足够的价值，除了让自己能够安身立命之外，还要有所剩余，用来供养女人和孩子，"这就是为什么能不能养家糊口对女人评价男人以及男人自我评价是那么重要"③。再次，对男子气概体系中工作要素的强调更是文化对男性进行利用的惯用手段。在多数文化中，男子气概总是和工作捆绑在一起，男人不得不"通过工作来证明自己的'男子气概'"④。在很多时候，工作几乎成了男人维护自身尊严、确证自己男性身份的最重要的方式。在这种情况下，失业就意味着他的生产抵不过消费，他的男性身份和男子气概就会受到质疑和贬损。有时，"失业会成为勃起功能障碍的原因。失去工作的男人觉得他不那么男人，而他的性器官用停止工作的方式标注了这种损失"⑤。为了获得财富和地位，很多男人都变成了工作狂，甚至以抛妻弃子、牺牲健康或生命为代价。根据美国政府的统计，90%以上的专利都是男人发明的，这些专利给社会带来了新产品；然而在为工作而牺牲的人中，男人也占到了90%以上。

　　关于文化对男人和男子气概的利用以及对男性提出的这些规范和要

①　鲍迈斯特.部落动物：关于男人、女人和两性文化的心理学.刘聪慧，刘洁，袁荔，等译.北京：机械工业出版社，2014：154.
②　鲍迈斯特.部落动物：关于男人、女人和两性文化的心理学.刘聪慧，刘洁，袁荔，等译.北京：机械工业出版社，2014：153.
③　鲍迈斯特.部落动物：关于男人、女人和两性文化的心理学.刘聪慧，刘洁，袁荔，等译.北京：机械工业出版社，2014：154.
④　鲍迈斯特.部落动物：关于男人、女人和两性文化的心理学.刘聪慧，刘洁，袁荔，等译.北京：机械工业出版社，2014：231.
⑤　鲍迈斯特.部落动物：关于男人、女人和两性文化的心理学.刘聪慧，刘洁，袁荔，等译.北京：机械工业出版社，2014：154.

求,鲍迈斯特保持了客观中立的态度,甚至认为这对青少年的成长有一定的激励作用,认为如果你激发了一个男生追求卓越的欲望,并告诉他还有很长的路要走,他可能会取得非凡的成就,但他必须谦虚并努力学习,这样就会表现出最好的一面。如果告诉一个男生他已经很棒了,班上的其他人也很棒,那你可能会毁了他努力学习的动力。也就是说,男子气概并非自然给定而是需要赢取的文化理念可以成为男性青少年追求卓越和优秀的一种动力。

　　然而在现代社会,文化对男性的种种要求和规范似乎失去了效度:"文化要求年轻男人要有男子气概,而现在的男人却做不到。正如之前所说,'做个男子汉'这个词已然过时,这可能是因为现在的男人并不想去争取男子气概,他们在称赞、自负和纵容中长大,觉得自己自然而然会被称赞是个男子汉。"①鲍迈斯特对此表现出一定的忧虑,认为近年来男生的自恋水平已经到了令人担忧的程度,他们变得扬扬自得、以自我为中心又自私自利。与女生不同,内疚对男生并不起作用,因为自恋让他们不愿为自己的失败和罪行负责,而是把错误归咎于其他人。从人性的角度看,好逸恶劳是人的自然属性,没有人喜欢去干又脏又累或者充满危险的工作,然而这些工作又必须有人去做,所以"大部分社会规范才会教男人压抑自己的感受,这样他们才能做一些该做的事情"②,所以"'做个男子汉'通常意味着无论你是否愿意,都要按别人的要求做事"③。鲍迈斯特遗憾地认为在当今社会,人们像抚养女生一样抚养男生,鼓励他们探索和分享自己的感受,这样长大的男生可能不会抛开自己的感受去做该做的事情。也就是说,在后工业、后现代环境中长大的男性,与工业时代和农耕时代的男性相比,在责任感、自我反省意识、吃苦耐劳的能力和美德方面都相形

---

① 　鲍迈斯特.部落动物:关于男人、女人和两性文化的心理学.刘聪慧,刘洁,袁荔,等译.北京:机械工业出版社,2014:222.
② 　鲍迈斯特.部落动物:关于男人、女人和两性文化的心理学.刘聪慧,刘洁,袁荔,等译.北京:机械工业出版社,2014:223.
③ 　鲍迈斯特.部落动物:关于男人、女人和两性文化的心理学.刘聪慧,刘洁,袁荔,等译.北京:机械工业出版社,2014:222.

见绌,很多年轻男性身上或多或少地具有鲍迈斯特所说的自负、自恋、以自我为中心甚至自私自利等品性。与此同时,感情脆弱、心理承受力差、缺乏自律和坚定的意志品质、缺乏高远的理想和志向,则是另一些年轻男性的人格缺陷,这些都应当是男性和男性气质研究所关注的问题,也是男性和男性气质研究的社会价值所在。

第四章　政治哲学领域中的男性
气概研究

　　社会学领域让我们看到了男性气质在社会机构、权力秩序和性别政治中的状貌,文化人类学领域让我们看到了男性气质在全球范围内的文化基础及其备受重视的原因,文化心理学让我们看到了男性气质与文化的存续和繁荣之间的关系,以及男子气概在文化对男性进行剥削的过程中所扮演的角色,而本章所涉猎的政治哲学领域则从词源学和思想史的角度触及了男性气概中德性(virtue)这一备受忽略的维度。其中,哈佛大学的政治哲学家哈维·C.曼斯菲尔德(Harvey C. Mansfield)的《男性气概》(*Manliness*,2006)可以被看作该领域中最具代表性的著作。这本著作从哲学的高度审视男性气概这一传统男性气质概念在早期人类社会中的定义,让我们看到传统男性气质的初始思想内涵、文化特性以及其与血气、风险、理性控制、现代性之间的关联,并且从美德或德性的维度对男性气概的社会价值进行了再思考,让我们看到了在男性气质体系中被康奈尔等社会学学者所忽略或蒙蔽的因素。曼斯菲尔德的男性气概研究在一定程度上也是在与社会学男性气质研究的对话中展开的,让我们看到了男性气概的文化属性以及哲学和文学等人文学科在男性气概研究方面的学科优势和特性。

第一节　概念辨析与价值评判

　　与吉尔默一样,曼斯菲尔德也具有相当强的概念辨析意识。如果说吉尔默在概念的选择和使用方面让我们看到了男子气概(manhood)与男性气质(masculinity)两个概念之间的逻辑关系,看到了作为男性气质文化概念的男子气概在全球范围内众多国家和地区中具体状貌和文化样态的话,曼斯菲尔德对男性气概(manliness)与男性气质的辨析则让我们看到了两个概念在学术史上的更迭,以及两个概念在价值判断方面的差异。

根据曼斯菲尔德的考察,男性气概是男性研究领域早期使用的概念,但在20世纪80年代,"学界出现了一种'解构'男性气概(manliness)并试图用男性气质(masculinity)取而代之的势头。很多以masculinity为主题词的书涌现了出来,在学界一个被称作'男性气质研究'(masculinity studies)的分支领域出现了,并且与女性研究(women's studies)密切相关"①。可见,男性气概与男性气质之间存在一定的先后更替关系,男性气概是较为传统的概念,男性气质是一个较为晚近和现代的概念。值得注意的是,作为一个文化概念,男性气质是由传统的男性气概演变而来的,在思想内涵方面是前者的延伸和拓展;作为一个学术概念,男性气质则是这一研究领域的统领性概念。

曼斯菲尔德在此所指的20世纪80年代学界出现的解构男性气概的学术势头,主要指社会学界以康奈尔为代表的男性研究学者所引领的学术思潮。这种学术思潮之所以与女性研究有关,一方面是指其在态度立场方面受女权主义思潮影响,把男性气概作为父权制的同谋进行批判,并且认为男性气概是男性焦虑的来源:"这些批评者声称所有的男性气概本质上都是男性的恐惧或焦虑,他们认为自己没有达到社会对他们的期望。男性气概是绝望的,表面的自信掩盖着焦虑,男性气概的自信仅仅是种假象。"②另一方面是指其在运思方式方面把男性气质放在权力秩序和性别政治中去考量,认为男性气概体现的是压迫女性的一种权力。而曼斯菲尔德则认为男性气概本质上是一种德性,是一种正面积极的精神力量。他之所以认为20世纪80年代的男性研究学者把"男性气概"置换成"男性气质"是对前者的解构,是因为这种概念置换将会从根本上剥除"男性

---

① 　Mansfield, Harvey C. *Manliness*. New Haven: Yale University Press, 2006: 15.
② 　曼斯菲尔德. 男性气概. 刘玮,译. 南京:译林出版社,2009:133.

气概"的德性本质,正如这些解构主义者本人所宣称的那样,"我们就把它叫作'男性气质'吧,这样它就没有任何德性或吸引力可言了"①。曼斯菲尔德认为这种做法并非明智之举,认为对男性气概的这种解构行为恰恰证明了它所具有的德性力量。

在价值评判方面,曼斯菲尔德对这两个概念的文化立场也与这些学者迥然不同,对备受女权主义者和亲女权主义的男性研究学者诟病的男性气概采取了肯定的态度,更多地认为男性气概是一个赞誉性概念,至少是一种好坏参半的文化概念:"大多数好东西,比如法国的葡萄酒,多数时候是好的,但偶尔也会是坏的。但是男性气概似乎是半好半坏。"②相比之下,男性气质则不具备赞美之意。当一个杂志社对他进行电话采访,让他评价一下一个教过他的资深教师时,他不假思索地说那个老师最让他赞赏的一点是他的男性气概(manliness)。采访者沉吟半晌,希望他用比较现代和新潮的男性气质一词,但他坚持使用男性气概这一概念。对此,他给出了这样的解释:"我在回答问题时或许本该使用'男性气质'(masculinity)而不是'男性气概'(manliness),但是我想要赞美我所描述的那个男人,而'男性气质'则不具备称赞意味。"③在此,曼斯菲尔德旗帜鲜明地表达了他对男性气概的赞誉和价值肯定。曼斯菲尔德对男性气概的价值判定之所以与康奈尔等学者有着如此巨大的差别,与他所在学科的学科特性及其男性气概研究的视角是密不可分的。

第二节　男性气概的定义和学科特性

在《男性气概》一书中,曼斯菲尔德通过对男性气概的词源学考察,旗帜鲜明地给出了男性气概的定义,认为男性气概是抵制恐惧的一种德性:"在希腊文里,男性气概(andreia)这个词被用来指勇气或勇敢(courage),

---

①　Mansfield, Harvey C. *Manliness*. New Haven: Yale University Press, 2006: 15.

②　曼斯菲尔德. 男性气概. 刘玮, 译. 南京: 译林出版社, 2009: 2.

③　Mansfield, Harvey C. *Manliness*. New Haven: Yale University Press, 2006: 15.

是与控制恐惧有关的一种德性。"①可以说,曼斯菲尔德对男性气概的这种定义对我们有着多种启发。

首先,从词源上去把握男性气概的定义和思想内涵,让曼斯菲尔德的男性气概研究紧紧围绕着男性气概这一概念自身的文化内涵展开,比较切近这一概念的本质属性。这一点恰恰是康奈尔等学者的学术盲点,他们缺乏对男性气质在早期人类社会中的初始文化内涵的研究,偏离了男性气质这些基本的文化思想内涵,更多地在性别政治的权力等级秩序中审视男性气质。康奈尔认为男性气质是现代社会的新生事物,仅仅有几百年的历史,但他似乎没有意识到,即便是备受诟病的现代男性气质,也包含了很多来自古希腊等人类早期文明中男性气质的文化基因。就此而言,曼斯菲尔德的男性气概研究在很大程度上修复了被康奈尔等学者忽略和切断的部分,实现了对现代男性气质的文化溯源,丰富和拓展了男性气质研究的视野和维度。从词源学的角度看,虽然男性气概的思想内涵在历史进程中发生过流变,在文化与现实生活中也存在不同的变体,但其初始内涵和定义是我们理解这一个概念和术语的出发点或基本依据。

其次,把男性气概定位为一种德性,与社会学等领域的男性气质研究有着截然不同的文化立场和态度,也为整个男性气质研究提供了一个新的视角和方向,让读者看到了男性气概这一传统男性气质概念所蕴含的诸多正面积极的思想内涵和精神品质,不仅为审视现代男性气质诸多问题提供了参照系,也为走出现代男性气质危机、重构当代男性气质理想指出了一定的方向和途径。

再次,在希腊文化中寻求现代男性气质的初始内涵,也为现代男性气质的研究提供了一笔丰厚的思想资源,正如曼斯菲尔德所说的那样,"希腊人对男性气概的研究(无论是赞成还是反对)比我们现代人多得多"②,因此他认为我们必须时常在希腊文学和哲学中寻找资源,不管是柏拉图还是荷马。相比之下,康奈尔等社会学家由于忽略了男性气质的文化渊

---

① 曼斯菲尔德.男性气概.刘玮,译.南京:译林出版社,2009:29.
② 曼斯菲尔德.男性气概.刘玮,译.南京:译林出版社,2009:122.

源,结果让现代男性气质丧失了深厚的文化底蕴,成了无本之木、无源之水,其结果不仅无法给世人展示男性气质的完整图景,而且也无法为当代人男性气质理想的建构和实践提供一种正面积极的精神力量。

曼斯菲尔德在该著作的前言中还把男性气概与绅士风范(gentlemanliness)联系起来,并且认为就男性气概所适应的某个层面上讲,男性气概对所有男性普遍适用,但是在另一个层面上只适用于少数最具有男性气概的人,其中包括若干充满男性气概的女人。这里面提到的"另一个层面"上的男性气概,主要指如面对危险的勇气、坚强的意志力、自控能力、自信等该著作所强调的男性气概美德。能够拥有和践行这些美德的人的确是少数,所以男性气概是少数男性以一种最高级的方式具有的品质。在这一点上,曼斯菲尔德和康奈尔有相似的看法,都认为只有少数男性能够达到男性气质或男性气概的标准或规范。但康奈尔因此而否定了男性气质或男性气概的存在价值,而曼斯菲尔德却没有。

需要指出的是,尽管在曼斯菲尔德的思想体系中男性气概具有某些超越性别的特质和品德,甚至有少数女性也可以拥有男性气概,但总体来看,曼斯菲尔德还是认为男性气概更多的是男性所拥有的品质:"虽然很明显女人也可以具有男性气概,但是同样明显的是她们不像男人那么具有男性气概,或者不像男人那样经常具有男性气概。"[1]这一点与人类学家吉尔默的思想有一些相通之处。曼斯菲尔德之所以强调这一概念的性别属性,一个重要原因还在于他不希望这个概念因为被过度泛化而失去了作为一个传统男性气质的学术概念的合法性。这一点是可以理解的。从德性论的角度看,人类除了勤劳、诚实、节俭、和善等没有明显性别分野的美德外,还有些美德是有一定性别意味的。勇敢、刚毅、坚强、血性、浩然正气、自我控制等美德虽然也可以完全为女性所有,但女性即便没有这些品德也不会遭到太多的苛责,因为温柔、体贴、贤淑等美德被认为是女性应有的气质和品德。但男性则不然,如果一个男人被认为缺乏这些品德,那么他的男人身份和男性气概是会被质疑的。也就是说,虽然诸多男

---

[1] 曼斯菲尔德.男性气概.刘玮,译.南京:译林出版社,2009:93.

性气概美德从理论上讲也可以为女人所拥有,但在现实和实践层面,女人不具备这些品德并不影响女人的性别身份,她们甚至会被人认为更具有女人味。因此即便在性别差异逐渐淡化、社会日趋中性化的今天,许多德性依然具有很强的性别分疏。从价值论的角度看,美德的性别化对于男性的健康成长及其性别优势的发挥也有相当大的促进作用,是让男性变得优秀和卓越的一种推动力。很多社会学学者以负面悲观的态度来看待男性气质,认为男性气质给男性带来更多的是焦虑和压力。但换一种态度讲,男性气概完全也可以是男人引以为豪的东西,是充满正能量的东西。"男儿当自强""好男儿志在四方"等耳熟能详的话语,正是这种自豪感和责任担当意识的写照。

在学科特性方面,曼斯菲尔德同样具有独到的见解,认为在男性气概研究方面,以社会学为代表的"科学"存在一定的学科缺陷,而哲学和文学等人文学科则存在一定的学科优势。"科学"之所以在男性气概话题上没有多少优势是因为男性气概具有灵魂特质,无法整齐划一,很难量化,也很难成为科学的研究对象,因而让科学没有用武之地:"我们并没有关于'男性气概'的科学研究。男性气概是灵魂的某种性质,科学用那个名称搜索不到答案。科学喜欢重构它的研究对象,或者给它们重新命名,它的基本假设排除了那些难以度量的性质。"[1]也就是说,男性气概指向的是人性与灵魂,或者说是人性中卓越、优秀的部分,强调的是人的气质格调和精神品质,关涉的是人的灵魂与尊严,充满戏剧性和超越性,而随波逐流、循规蹈矩不是男性气概的本质。另外,男性气概还有夸耀性,这也是讲求准确性、不喜欢夸张的科学所难以把握的:"科学想要确定,而男性气概想要夸耀。因为科学永远不想夸大某个问题,它也很难理解人类想要夸耀的渴望。而我们看到常识却可以体谅'感到重要'这种渴望。"[2]感到重要未必就是自高自大,而是一种对生命价值的体认,是一种有所承载的感觉,是奋发进取的一种动力。

---

[1] 曼斯菲尔德.男性气概.刘玮,译.南京:译林出版社,2009:34.
[2] 曼斯菲尔德.男性气概.刘玮,译.南京:译林出版社,2009:49.

　　而这些被科学排斥在外的问题恰恰是文学和哲学所关注的对象,也是文学和哲学所擅长的领地。由于科学讲求的是数据上的确定性,很难理解灵魂的戏剧性和夸耀性,因而也无法触及男性气概的本质。为了规避这种尴尬,社会学学者们采取的一个策略就是给男性气概重新命名,用男性气质这个更为宽泛,也更缺乏灵魂和道德内涵的概念取而代之,这样就可以排除男性气概所具有的那些"难以度量的性质"了。这种做法的害处就是严重忽略了对男子气概或男性气概等传统男性气质文化概念的研究,阉割了男性气质体系中的灵魂和美德等要素。

　　基于以上学科性思考,曼斯菲尔德非常笃定地断言:"科学的成果有益于肉体,而文学滋养灵魂。文学承担起那些被科学抛开和忽视的大问题,因此在男性气概的问题上,文学比科学有更多的话要说。"①也就是说,在男性气概这个话题上,与社会学和心理学等学科相比,曼斯菲尔德认为文学或人文学科更有用武之地。而且他认为伟大的作家既是真理的见证者,又是其所见所闻的裁判者。这对文学领域中的男性气概话题研究而言无疑是一种莫大的鼓舞,提醒人文学者们要有自己的学科自信,要认识到文学在男性研究领域上的学科优势,开创男性特质的文学研究视角和范式,建立起文学和人文学科男性研究的理论和话语体系。

第三节　男性气概的文化属性

　　第一,与康奈尔和吉尔默一样,曼斯菲尔德同样认为男性气概也具有一定的文化建构性,但在建构方向与程度方面与男性气质有所不同。对于社会学家而言,男性气质是父权制和男权文化建构起来的一种性别意识形态或性别政治,其目的是让男性拥有凌驾于女性或其他男性之上的权力。但曼斯菲尔德认为不能过于夸大这种文化建构性,男性气概的文化建构性是以两性差异为基础的,主要体现在男性气概是一种卓越的人格特质和精神品质上,一般人很难拥有,因而需要艰苦的努力和长期的磨

---

① 曼斯菲尔德.男性气概.刘玮,译.南京:译林出版社,2009:76.

炼才能获得："那些说男性气概是一种社会建构的理论家经常给我们一种印象，就是男性气概其实没有什么，只要社会一挥魔杖，书呆子就变成了男性气概的代表。事实绝非如此！要具有男性气概就要付出努力，就像西奥多·罗斯福说的那样。想要成就更大的男性气概，就要付出更多的努力。"①

第二，曼斯菲尔德还认为男性气概的美德具有他证性，认为男性气概是对个人价值的宣告，因为他的价值并非不言自明。相比之下，沉默则意味着对荣誉的放弃，意味着男性气概的压抑和埋没："没有人会注意男性气概中沉默的类型，他们闭上嘴巴就只能依靠别人给他们应得的荣誉。"②在他看来，具有男性气概的人往往具有一定程度的自我炫耀和夸饰的倾向。这一观点在学界已经达成一定的共识，迈尔斯·麦克唐奈（Myles McDonnell）指出，"人类学和社会学研究业已证明，尽管不同文化中男子气概的内涵和定义也有所不同，但大多数文化都认为男子气概不是男人到了成年期就可以拥有的一种身份，而是一种必须展现和赢得的东西，一个不确定的、难以捉摸的和排他性的概念"③。

但需要注意的是，男性气概的他证性也的确会给男性带来压力和焦虑，"由于不断需要证明，这种男性气质总是面临危机，随时都有可能失去"④。对他证性过分强调还将会让男性气概走向外在化、浅表化、缺乏内蕴，对此我们有必要保持一定的辩证态度。真正的男性气概或男性气质应当是内在人格与美德的外在表现，是自然、自觉和真诚的。在这方面，中国文化中的"为己之学"和"君子之道"有着重要的参考价值。在《论语》中孔子提出，"古之学者为己，今之学者为人"，告诉我们读书主要是为了提升自身的修养、智识和各种素质，而不是把学问作为向他人炫耀的资

---

① 曼斯菲尔德. 男性气概. 刘玮，译. 南京：译林出版社，2009：132.

② 曼斯菲尔德. 男性气概. 刘玮，译. 南京：译林出版社，2009：124.

③ McDonnell，Myles. *Roman Manliness：Virtus and the Roman Republic*. New York：Cambridge University Press，2006：10.

④ Roberts，Andrew Michael. *Conrad and Masculinity*. London：Macmillan Press，2000：26.

本,这也是君子之道的要义所在。这种君子之道同样适合对真正的男性气质的认知和定义。真正的男性气质首先应当强调内在人格的完善与各种素养和能力的提升,过度强调男性气质的他证性不仅会导致压力和焦虑等心理问题,而且还会导致虚张声势等不良表现。

第三,与男性气质终结论者不同,曼斯菲尔德认为男性气概具有一定的恒久性,认为即便男性气概是社会建构的产物,也不意味着它可以被立刻消除或重构。而且他还认为即便我们不完全认可男性气概,"但它毕竟没有从我们的视野中消失"[①],以此说明男性气概的存续与消亡不取决于人们对它喜欢与否,具有一定的客观实在性。

第四,男性气概还具有非理性特质,但它的非理性又是有原则的:"具有男性气概的人是有原则的,即便像阿基里斯那样愠怒的人,你也可以归纳出他生活的原则。男性气概既是理性的,又是非理性的:非理性是因为不管在什么事情上具有男性气概的人都坚持他自己的重要性;理性是因为他有理由这样做。"[②]这也告诉世人,真正的男性气概并非任性而为,而是有它的理由和根据。男性气概的非理性主要体现在它的血气,体现在它不是以现代性的算计和功利主义为导向,而是有着它独特的价值取向,这种非理性在一定意义上也是男性气概的魅力所在。

第五,男性气概还具有相当大的道德约束性。在这方面,曼斯菲尔德对希特勒和罗斯福两个历史人物进行了比较,认为希特勒践行了一种低劣的、缺乏道德约束的男性气概:"希特勒刺激了一种低级的、比粗俗更差的男性气概,这种男性气概没有任何优良的特征,毫无约束,它就是一种男性气概,除此之外别无其他。"[③]相比之下,罗斯福则以道德的方式实践其男性气概。可见,真正的男性气概不仅具有原则性,而且还具有一定的道德约束性,这一点也恰恰被片面强调权力关系和性别政治的男性气质研究学者们所忽略了。后者则把男性气质与对他者的压迫和支配联系起来,因而更多地把男性气质或男性气概看作是一个负面的概念。

---

① 　曼斯菲尔德.男性气概.刘玮,译.南京:译林出版社,2009:77.

② 　曼斯菲尔德.男性气概.刘玮,译.南京:译林出版社,2009:89.

③ 　曼斯菲尔德.男性气概.刘玮,译.南京:译林出版社,2009:169.

第四节 男性气概与理性和现代性

理性是男性气质,尤其是支配性男性气质的一大特性。康奈尔用了一个章节的篇幅来探讨这个议题。他首先指出在人们熟知的父权制意识形态中,"男性被认为是理性的,而女性则是情感性的。在欧洲哲学中这种假定几乎是根深蒂固的"[1]。这一点在斯蒂芬·H.格雷格(Stephen H. Gregg)那里也得到回应,后者认为"理性与男性气概之间有着神话般的联系。在18世纪,理性的衡量标准与男性的主体能动性密切相关"[2]。另外,理性是支配性男性气质确立自己霸权的方式,"支配性男性气质通过宣称体现了理性力量并因此代表了整个社会的利益而建立起自己的霸权"[3],而且理性化也是现代文明的主要特征。尤其自启蒙运动以来,理性乃至工具理性已经被现代人奉为神明,并且不可避免地参与了不平等的两性关系的建构,维护了男尊女卑性别秩序的合法性。

与一般男性研究学者相比,作为一个学养深厚的政治哲学家,曼斯菲尔德更善于在人类文明发展进程中对男性气概进行关联性思考,不仅看到了男性气概与理性的对位,而且还看到了男性气概在秉性与格调上与现代性的格格不入。

正如前文所提到的那样,对于康奈尔等社会学学者而言,理性是男性气质的一个核心要素。如果女性气质的主色调是感性的话,那么作为其对立面的男性气质必然是理性的,这种判定显然是康奈尔一贯持有的性别相对论思维模式的产物。但曼斯菲尔德的研究告诉我们,男性气概恰恰与理性大相异趣,甚至在某些时候是反理性和非理性的。男性气概之

---

[1] 康奈尔.男性气质.柳莉,张文霞,张美川,等译.北京:社会科学文献出版社,2003:232.

[2] Gregg, Stephen H. *Defoe's Writings and Manliness: Contrary Men*. Farnham: Ashgate Publishing Limited, 2009: 8.

[3] 康奈尔.男性气质.柳莉,张文霞,张美川,等译.北京:社会科学文献出版社,2003:232.

所以是男性气概,是因为它有血性的成色,有非理性的冲动与激情,但这种非理性同时又是有原则和道德限制的,是与真实的生命体验和欲求联系在一起的。相比之下,现代的理性非但缺乏这种生命的热度,反而试图对这种生命力量进行控制:"人性并不体现在理性之中,而是在生命的活力中,那是一个人对自己生活的肯定,而理性却顽固地想要控制和否定它。"①根据曼斯菲尔德的研究,在马基雅维利之后,现代的理性控制概念开始形成。

男性气概之所以不招理性的待见,主要是因为它总是与理性格格不入,总是想摆脱理性控制,具体体现在以下六个方面。其一,正如前文所提及的那样,男性气概必须证明自己,而且要当众证明自己。它寻求和欢迎戏剧性,想要吸引人们的注意,而理性控制更喜欢惯例,而非兴奋和冲动。其二,男性气概经常要做出违背自己利益的牺牲,它最为关注的是正义、荣誉和自由,而非钱财和算计,而后者正是理性控制所热衷的东西。这也应当被看作是男性气概的高贵之处,这一点是现代人难以领会的。其三,理性控制想让我们的生活受到规则的约束,而男性气概不会仅仅满足于约定俗成的东西,它还希望对旧有的理念和习俗有所开拓和超越。其四,男性气概喜爱冒险,崇尚英雄,而理性控制则处处希望减少风险,它喜欢模范而非英雄。其五,男性气概有时是脆弱的和易受伤害的,但是它不愿承认你的软弱,而理性控制更喜欢你的软弱而非力量,喜欢你的内疚而非骄傲。理性控制并不对你的理性说话,它盯着你的恐惧、希望和激情。其六,男性气概喜欢炫耀,想要得到别人的欣赏,但是对于那些达不到男性气概的高标准的人来说就会有麻烦,因为男性气概虽然慷慨但喜欢评判别人;而理性控制宁可不在公众面前显山露水,也不喜欢高标准,因为过高的标准不能被当作规则或者得到普遍的应用。康奈尔等学者之所以诟病男性气质规范,主要是受了这种逻辑的影响,认为很少有人能够达到这些规范,所以这些规范也就没有存在的意义。另外,理性控制更愿

---

① 曼斯菲尔德. 男性气概. 刘玮,译. 南京:译林出版社,2009:160.

意原谅贪婪而非愤怒，它把赞美留给未来，把批判送给过去。[1] 最后，曼斯菲尔德不无欣慰地说，"多亏了理性控制的失败，男性气概才不至于消失"[2]。以上有关男性气概与理性控制之间矛盾冲突的六个方面的辨析，几乎涵盖了男性气概的所有特征，有利于我们深入把握男性气概的定义和思想内涵。可以看出，曼斯菲尔德的理性和康奈尔所说的理性存在一定程度的差异，他们对理性与男性特质关系的不同认知在一定意义上体现了传统男性气质与现代男性气质的不同旨趣。男性气概这种传统男性气质与理性控制无论在气秉上还是在格调上都格格不入，而现代男性气质与理性则是互为表里，现代男性气质甚至把理性奉为圭臬，将其看作是一个重要的践行法则。

与理性控制相关的是现代性。可以说，把男性气概与现代人的整个气质格调和精神禀赋进行比较，在与后者的区别中展示男性气概的特性，显示了曼斯菲尔德对男性气概认识的宏阔性。在曼斯菲尔德看来，现代性过多地着眼于自我利益，因而不大关心渴望风险的男性气概。而现代人之所以对男性气概如此排斥甚至敌视，男性气概之所以让他们如此无地自容和惶恐不安，从某种意义上也说明这些人已经没有了血气，在气质格调和精神禀赋方面已经被现代文明驯化，已经成了精神的矮子，无法感受和面对崇高。难怪埃德蒙·伯克（Edmund Burke）不无遗憾地说："骑士的时代已经逝去。接下来是智士、经济学家、算计者的时代；欧洲的荣耀已经永远消亡了。"[3] 在这种情况下，大话和戏说往往成了现代文人痞子颠覆和解构崇高的方式。既然现代性的主要特点是理性（或者准确地说是工具理性）和算计，那么不甘平庸和随波逐流的男性气概在现代社会也注定会举步维艰。

在曼斯菲尔德看来，现代性筹划始于马基雅维利，在黑格尔那里达到巅峰。因为在马基雅维利那里，"现代的'安全'概念出现了，这恰恰是男

---

① 　曼斯菲尔德.男性气概.刘玮,译.南京:译林出版社,2009:316-317.

② 　曼斯菲尔德.男性气概.刘玮,译.南京:译林出版社,2009:317.

③ 　曼斯菲尔德.男性气概.刘玮,译.南京:译林出版社,2009:251.

性气概的反面"①。正如上文提到的那样,安全与自由背道而驰,安全与奴役互为因果,而自由与男性气概则"同气相求",对安全的强调意味着对男性气概的剿杀。最后,曼斯菲尔德总结说,资产阶级也有很多面孔,但没有一副具有男性气概。借用这种说法,现代性有多副面孔,没有一副有男性气概,有的也许只是男性气质。缺乏男性气概的一个显著特征就是精神与人格上的平庸,而平庸有时就是一种恶。

所谓千古文人侠客梦,每一个真正的知识分子心中都有一颗侠义之心,都有一种不甘平庸的雄心壮志,不会蝇营狗苟,虚度光阴。而且一个成熟的思想家或学者的标志不仅仅体现在方法和话语层面的机巧锋锐、缜密新奇,更在于其精神境界的卓越和气质格调的超拔,更在于其信念的坚定,这些也恰恰是真正男性气概的重要品格。尼采就是有着这种气秉的哲学家。他之所以成为一代哲学宗师,除了其在哲学思想方面的伟大贡献之外,更在于其精神的伟岸与人格气质的超凡脱俗,在于他骨子里的血气和男性气概,为平庸的现代人树立了一面精神和人格的旗帜。在曼斯菲尔德看来,"尼采是现代最具男性气概的哲学家,他看到了现代文明的衰落,并且让人们觉得唯一的挽救办法就是让男性气概复活和再生"②。如果说现代文明的衰落在一定意义上是指人类在物欲消费和理性控制中变得平庸与低俗的话,这里的男性气概正是一种让人恢复血气、走出现代性理性算计的精神力量。

在现代社会,什么都可以买,什么都可以卖,效用就是一切,工具理性成了法宝,灵魂的高贵与人格的尊严反而变得廉价和备受践踏,只有能换成金钱时才有价值,物质利益高于了一切。这是尼采最深恶痛绝的,男性气概就是他与现代社会文化价值观对抗的武器:"尼采极其厌恶将美和高贵还原成效用,这使他投身于男性气概,并且出于过度的热情或抱负,将具有男性气概的人重新定义为超人。"③男性气概理想缺失以及对社会个体思想和行为评判标准的功利化,其结果必然是社会个体人格秉性的低

---

① 曼斯菲尔德.男性气概.刘玮,译.南京:译林出版社,2009:313.
② 曼斯菲尔德.男性气概.刘玮,译.南京:译林出版社,2009:158.
③ 曼斯菲尔德.男性气概.刘玮,译.南京:译林出版社,2009:165.

矮化,各种道德品质和良知的放逐和泯灭,以及实践力的减退,而这些都是当今社会人格体系的重要病症,因此正如曼斯菲尔德所言,"假如尼采生活在我们的时代,回首20世纪,他肯定会抱怨男性气概已经变得太过柔弱"①。如果一个时代的公民缺乏追寻真理、坚持正义的热情和勇气,缺乏伟岸的人格气质和高洁的道德情操,丧失了改变社会的信念和责任感,这个时代从很大意义上讲也是一个虚无的时代、犬儒的时代,是个充斥着"末人"的时代。尼采在一百多年以前已经感受到了这种虚无,并且认为男性气概就是能够与虚无抗衡的精神力量:"对尼采来说,虚无主义已经到来,而男性气概就是全部。"②在男性气概行将没落的后英雄时代,尼采在20世纪来临之际发出了捍卫男性气概的最强音。而曼斯菲尔德在男性气概四面楚歌、备受诟病的21世纪则继续表达了对男性气概的信念和捍卫。

第五节　男性气概的魅力和现实意义

在男性气质危机论、男性气质终结说等论调甚嚣尘上,男性气质不断被诟病的时代,与吉尔默一样,曼斯菲尔德坚持了他对男性气概独特的价值判定,依然为男性气概投赞成票。一方面,他认为在男性气质被认为出现危机的现当代社会,人们不但没有厌弃男性气概,反而有呼唤男性气概回归的趋势,"在19世纪末20世纪初,我们听到了很多强有力的声音呼唤男性气概"③,而且认为男性气概对人们依然具有吸引力,认为男性气概依然在我们身边,人们依然崇敬具有男性气概的人,约翰·韦恩依然是每个美国人心目中具有男性气概的典范。

曼斯菲尔德之所以对男性气概有着如此坚定的信念,主要是因为前文提及的男性气概美德对男性安身立命、面对危险和挑战以及建功立业的重要意义,认为具有男性气概或勇敢的人在危险情况下勇于承担责任,

---

①　曼斯菲尔德.男性气概.刘玮,译.南京:译林出版社,2009:168.
②　曼斯菲尔德.男性气概.刘玮,译.南京:译林出版社,2009:159.
③　曼斯菲尔德.男性气概.刘玮,译.南京:译林出版社,2009:126.

而且还认为男性气概对于那些容易且毫无风险的常规性工作也有意义。即便在平常的现实生活中,"具有男性气概的知识使一个人(而不是泰山)可以在紧急情况下有效行动,在没有专业帮助的情况下处理和解决问题"①。除此之外,男性气概的意义还通过女性对它的态度表现出来:"在需要的时候,很多女人都暗自赞赏男性气概,还有些女人会公开拥抱男性气概。女性的男性气概可能表现为欣赏男人身上的男性气概,并且在需要的时候指责他们缺乏男性气概。"②在男性气概备受争议、不断遭受冷遇和解构的所谓中性社会,曼斯菲尔德的这种坚定立场似乎有点不够灵活和变通,不够顺应潮流。但如果男性气概意味着对自己的信念坚定主张的话,他对男性气概持有的这种坚定立场本身就是对男性气概的一种实践。在男性气质研究的众声喧哗之中,在权力等级秩序和性别政治话语铺天盖地之时,在犬儒与虚无甚嚣尘上的当今社会,我们需要这么一种确定性声音。

---

① 曼斯菲尔德.男性气概.刘玮,译.南京:译林出版社,2009:147.
② 曼斯菲尔德.男性气概.刘玮,译.南京:译林出版社,2009:21.

第五章　历史文化学领域中的男性
气质研究

在男性气质研究领域,迈克尔·S.基梅尔(Michael S. Kimmel)是当之无愧的权威人物。和康奈尔一样,他在研究立场上同样有着相当强的拥护女权主义倾向。但难能可贵的是,他比康奈尔有着更深厚的历史和文化底蕴,有着更为开阔的研究视野,在男性气质研究过程中没有过多地纠结于权力秩序,而是在历史文化与文学中对男性气质进行多方位的审视,并且表现出相当高的人文精神和现实关怀。对于基梅尔而言,"男性气质研究的目标并不是消除性别差异,而是对性别平等和性别差异的双重尊重,帮助两性'实现更深刻和更完整的自我'"①。这种观点对于那些片面夸大男性气质的社会建构、极力抹杀两性差异的学者而言,具有一定的启示意义。对于大多数男性和女性个体而言,这一目标显然更能触及他们的生命本质,更能让他们获得生命的丰富与完满。因为男性研究如果过多地纠缠于权力而没有与社会个体的生命体验、人格品质和幸福结合起来,最终是一种单调乏味、缺乏人性关怀和精神滋养、无法给人力量的研究。

在基梅尔身上,我们多少感受到了这种人性关怀和人文精神。如果说吉尔默的《形构中的男子气概:男性气质的文化观念》是以共时的角度对全世界大部分地区的男子气概状貌进行全景式再现的话,那么基梅尔的这部融历史、文化、政治于一体的男性气质研究著作《美国男性气质文

---

①　龚静.销售边缘男性气质——彼得·凯里小说性别与民族身份研究.成都:四川大学出版社,2015:62.

化史》(*Manhood in America：A Cultural History*，2006)则主要对自造
男人式男性气质的流变进行了纵向考察和梳理,让我们看到了美国这个
性别意识浓厚的国度中男性气质的发展状貌,为深化和拓展男性气质的
认知和研究视野做出了积极的贡献。

第一节　文雅家长、勇武工匠和自造男人

如果康奈尔对男性气质话题所做的一个标志性贡献在于他从性别秩
序、社会主导性、权威地位等维度划分出支配性、从属性、共谋性和边缘性
四种男性气质类型的话,基梅尔对男性气质的一大标志性贡献就在于他
从经济发展、社会转型、价值观变迁等维度归纳出文雅家长、勇武工匠和
自造男人这三种男性气质模式。

根据基梅尔的考察,文雅家长(Genteel Patriarch)是 19 世纪早期的
一种强有力的男性气质理想模式,是从欧洲继承而来的。在其盛行之时,
文雅家长代表了一种富有尊严的贵族式的男性气质,遵守英国贵族阶层
的荣誉准则,追求一种品味精致、举止得体、优雅敏感的健全人格。对于
文雅家长来说,男性气质意味着对财产的拥有权以及在家庭中扮演的一
种慈善的家长式权威角色,其中包括对儿子的道德教诲。作为一个有着
基督教信仰的绅士,文雅家长代表着关爱、仁慈、有责任心和怜悯之情,这
些特征通过他们从事的慈善工作、教会活动和对家庭事务的深度参与就
可体现出来,美国几位总统如托马斯·杰弗逊、乔治·华盛顿、约翰·亚
当斯都可以看作文雅家长的典型代表。看得出,文雅家长式男性气质认
同的是其在家庭和社会中的权威地位和荣誉,具有一定的贵族气质和绅
士派头,体现的是上层社会的修养和审美趣味。在文学作品中,《飘》中的
阿什礼就是具有这种男性气质的典型代表。

文雅家长式男性气质的衰落,是社会转型的结果,是历史发展的必然
趋势。一方面,文雅家长更多的是封建社会贵族阶级所认同和践行的一
种男性气质模式,随着资本主义社会的到来以及贵族阶级的衰落,这种男
性气质也必然从主流走向边缘。另一方面,从社会发展需求来看,资本主

义工业经济需要的是吃苦耐劳、自立自强的自由劳动者以及与之相匹配的男性气质。确切地说，社会的发展和国家的强大需要的是敢想敢干、强悍果断、勇于开拓进取的男性气质。在这种情况下，"英国男性气质——宽泛点说是贵族气派的男性气质（这种男性气质很快也把文雅家长式男性气质包含了进去）——则被斥责为女里女气，缺乏男子汉的决心和美德，对社会的管理也过于武断和随意。对君主制和贵族统治的批判往往是与对贵族的奢华之风的批判联系在一起的，这种奢华之风被认为是缺乏男性气概的"①。显然，这种来自欧洲的、讲求奢华生活、养尊处优的文雅家长式男性气质与美国新时代所推崇的男性气质是格格不入的，无论在性别气质方面，还是生活方式方面，都不符合时代精神和新兴美利坚合众国的发展需求。可以说，早期美国人对独立民族性与国家自主性的建立是与其对男性气质的界定与建构相伴而行的。他们不满足于诸如文雅家长这种老牌的英国式男性气质模式，致力于建构符合美国本土诉求的男性气质模式。这是一种敢于抗击殖民统治、勇于开拓、不怕艰难困苦的男性气质，这种男性气质不仅能够有利于一个强大的国家和民族的建立，有利于民族和国家的昌盛和强大，而且有利于个体生存和自我价值的实现。

另外，鉴于美国在文化与文明方面历史的简短与鄙陋，美国人更倾向于扬长避短，极大程度地淡化甚至贬低欧洲大陆和英国文化历史的悠久，破旧立新，强调美国的自然对催生新道德的积极作用："诸多虚构作品和散文都借用了洛克的哲学观念，把美国看作是能够催生个体道德的自然国度，认为美德产生于自然而邪恶产生于奢华与教化。"②华盛顿·欧文（Washington Irving）等早期美国作家也秉承了这种理念，警惕人们不要受欧洲奢华风气的影响而丧失男性气概，而要在美国广袤的大自然中砥砺和建构男性气概："我们一旦把年轻人送到欧洲去，他们就会变得奢华

---

① Kimmel，Michael S. *Manhood in America：A Cultural History*. New York：Oxford University Press，2006：14.

② Kimmel，Michael S. *Manhood in America：A Cultural History*. New York：Oxford University Press，2006：15.

和柔弱。在我看来,到大草原上去游历一番倒是更有可能培养人的男性气概,让人变得朴实无华和自力更生,才能与我们的政体保持高度的一致性。"①就这样,欧洲大陆和英国的悠久历史和文化反而成了劣势,而美国简短的历史和文化反而成了优势。

勇武工匠(Heroic Artisan)式男性气质同样来自欧洲。与文雅家长所拥有的土地所有权、显赫的门第出身和高高在上的社会地位相比,勇武工匠显然没有那么多先天资本可以凭靠,他们凭靠着勤劳勇敢、独立自主和自强不息的精神和美德在这个充满竞争的世界上安身立命:"勇武工匠独立、善良、真诚,在女性面前显得拘谨和正统;在同性朋友面前,他坚定可靠、忠心耿耿。在家庭农场上或城市的手工店铺中,他是一个诚实的劳动者,不怕苦不怕累,为自己的一技之长和自力更生而感到自豪。"②从阶层的角度看,勇武工匠式男性气质属于工人和农民阶层的男性气质,是劳动人民的男性气质。从德性的角度看,勇武工匠是诚实勤劳的男人的理想典范,他的美德来自他对工业生产的笃信和献身精神。

与对文雅家长的描述明显不同的是,勇武工匠不太讲求言谈举止的温文尔雅,也可能没有那么多闲情逸致,性格上也不那么精致细腻,甚至有点粗野狂放,但勇武工匠认同的勤劳勇敢、独立自主和诚实可靠等美德一直是男性气质,尤其是男子气概的重要品性,也是人们对男子气概有所敬畏的一个重要原因。尽管作为一个阶层,践行这种男性气质的工人或工匠们几乎从来没有占据过社会的主导地位,但代表他们形象和身份的这种男性气质却有着深远的影响力,在广大民众中深入人心。因此,为了获得更多人的支持,美国的很多总统候选人在竞选总统之际都喜欢以勇武工匠的形象示人。

在价值取向方面,勇武工匠式男性气质信奉的是生产主义(producerism)价值观。生产主义是一种认为美德来自那些财富创造者

---

① Kimmel, Michael S. *Manhood in America*: *A Cultural History*. New York: Oxford University Press,2006:15.

② Kimmel, Michael S. *Manhood in America*: *A Cultural History*. New York: Oxford University Press,2006:13.

艰苦工作的意识形态。生产主义认为在生产和非生产阶级之间存在一种根深蒂固的矛盾,而工作则是道德教诲、经济上的成功和政治美德的源头。也就是说,这种价值观相信的是美德及其实践,相信的是诚实的劳动而非投机倒把。应当说,在后工业社会和消费主义时代,这种价值观依然没有过时,甚至更为重要。

作为美国社会主导性的男性气质,自造男人(Self-Made Man)式男性气质主要出现在 19 世纪,是美国农业经济到工业经济变迁的产物。在 18、19世纪的世纪之交,美国男性气质植根于土地所有权(文雅家长)或者工匠、店主、农民的独立自主(勇武工匠)。然而在 19 世纪开始的几十年中,工业革命严重影响了之前的定义。美国男性开始把身为男人的自我意识与变幻莫测的市场联系起来,和他们经济上的成功联系起来。可以说,与前两种男性气质明显不同的是,经济因素在自造男人式男性气质模式中有着很大的权重,甚至从很大意义上讲,自造男人式男性气质是资本主义经济生活的产物。自造男人式男性气质并非美国独有,但在以移民为主并且富有民主理想的美国,在这片不太讲究世袭头衔的土地上,自我成就式的男人从一开始就有。与欧洲相比,美国的自造男人更早地确立了他们的主导地位。甚至可以说,"自造男人和他的国家同时诞生"[①]。也就是说,自造男人式男性气质与美国的历史和国情是比较契合的,与后者产生了良性互动,这也是其在美国大行其道并且成为主导性男性气质的原因。19 世纪的前几十年,美国这一新国度经济上的繁荣让自造男人们获得先机,"这些自造男人既不是贵族式的花花公子,也远非富有道德却单调乏味之人。正是这些自造男人建造了美国"[②]。从美国有影响力的历史人物来看,本杰明·富兰克林被看作是美国自造男人的第一个现实原型。

作为一个正式的文化概念,自造男人这一术语于 1832 年亨利·克雷在美国国会上做的一次演讲中被正式提出。为了能够给出身卑微之人在商

---

① Kimmel,Michael S. *Manhood in America*:*A Cultural History*. New York:Oxford University Press,2006:13.

② Kimmel,Michael S. *Manhood in America*:*A Cultural History*. New York:Oxford University Press,2006:16.

界崛起带来更多机会,他对一条关税条例进行了辩护。在辩护的过程中,他
宣称在肯塔基几乎他知道的每个工厂都是由那些有事业心的自造男人经
营的,他们的财富都是通过耐心和勤勉的劳动获得的。之后这一术语很快
流行开来,评述自造男人的文献在19世纪40年代和50年代开始大量涌
现。自造男人登上历史舞台后,扎根于社区生活以及一个男人的人格品质
的旧标准开始让位于以个人成就为基础的新标准,这是一种从强调个人对
社区的服务以及个体的精神教养到注重个人的自我改善和自我价值实现
的转向。自此以后,变动不居的自造男人开始主宰了美国对男性气质的界
定。从19世纪中期开始,自造男人成为美国占统治地位的男性气质观念。

　　从定义和评判标准上看,自造男人主要从一个男性在公共空间的活
动中获取身份认同,以其积累的财富和社会地位及其在地理和社会空间
中的流动性为其男性气质的衡量标准。从阶级的角度看,这种建立在市
场经济基础之上的自造男人式男性气质属于中产阶级的男性气质,市场
上的成功、个人成就、流动性和财富是其主要的价值取向和评判标准。对
金钱的追求成了自造男人的主要行为动机,而且会让人愈发贪婪:"在19
世纪上半叶结束之前,美国变得贪得无厌起来,这一转变对工业化进程中
的美国男性气质内涵有着戏剧性的影响。"[①]他们无所不买,无所不卖,金
钱成了衡量一切的标准。而为了获得更多的金钱,实现利益最大化,就要
不断算计。人们甚至把"我认为"由原来的"I believe"习惯性地说成"I
calculate",这多少有点讽刺意味。需要注意的是,虽然自造男人在19世
纪之初堂而皇之地登上政治和文化舞台,但其他男性气质模式却没有马
上淡出人们的视野。从格调和价值取向上看,文雅家长式和勇武工匠式
男性气质让位于自造男人式男性气质,一方面体现了社会结构和经济模
式的变迁,有着一定的进步性;但另一方面,也体现了文化价值观的蜕变,
从精神性到物质性、从讲求修养和品位到讲求实际利益、从强调内在美德
到强调外在功显。

---

① Kimmel,Michael S. *Manhood in America:A Cultural History*. New York:
Oxford University Press,2006:16.

第二节　美国男性气质的文化特性

在提出并且区分了以上三种男性气质模式之后,基梅尔重点对以自造男人为代表的美国男性气质的文化特性进行了呈现。他认为自造男人式男性气质的一个显著特征就是它的动态性和流动性。动态性体现了该男性气质的价值取向和评判标准会随着社会转型和文化价值观的变迁而有所变化和调适,而流动性则是自造男人式男性气质的一个重要评判标准。同时他还认为,虽然自造男人最终成为美国主流社会的主导性男性气质,但其他两种男性气质模式的价值取向和评判标准依然在民众心里具有一定的认同度。比如,勇武工匠这一男性气质模式,不仅从来没有淡出过人们的视野,而且在很多时候还备受推崇,这一点从威廉·亨利·哈里森、西奥多·罗斯福、小布什等诸多美国总统都不遗余力地打造自己勇武工匠形象以求在竞选中胜出就可看出。除此之外,他还发现美国男性气质具有防御性、公共性、悖论性、同性交往性和身体性等文化特性,这些文化特性对于我们全面和深入了解现代西方男性气质有着重要的参考价值。

一、动态性和多元并存性

美国自造男人式男性气质的一个重要特征是它的动态性。首先,这种动态性主要体现为一种"流动性"(mobility),主要包括地域流动性和社会流动性。是否具有流动性成了该男性气质的一个重要评判标准,甚至与男性自我创造性相提并论。这一点在美国文学中也有所体现,《飘》中的瑞特这一男性形象显然就是这种流动性的典型代表。其次,这种动态性还体现在其定义和价值取向的不稳定性方面,其思想内涵会随着社会经济模式的变化、男性就业状况和生存境遇所面临的冲击而发生改变。其中,史无前例的工业化水平、公共空间中的大量女性、新获得自由的黑人、纷纷涌入的外国移民、缩小的边疆地区,都在很大程度上改变了已有男性气质的根基,男性气质的思想内涵也再度变得不确定起来。

　　另外,美国男性气质还具有多元并存性,这一点与全球男性气质状貌是一致的。不同文化中男性气质的定义是有所出入的,男性气质的含义会因时代与人群的不同而发生变化。有些文化会鼓励我们熟知的那种颇具男性气概的坚忍,有些文化中的很多男性则热衷于表现性能力。另外一些文化对男性气质的界定则显得较为宽松,认可的是重视情感的、家庭型的男人。在此基础上,结合美国文化特性,基梅尔认为美国的男性气质需要用复数概念表述:"在美国,男人的定义在很大程度上取决于一个人的阶级、种族、族裔性、年龄、性取向和地域。为了更好地展示男性当中的这些差异,我们需要一个男性气质的复数概念。"[①]康奈尔也强调男性气质的复数性,但他的复数性主要体现在四种男性气质模式的划分上,而基梅尔所强调的男性气质复数概念则更具文化特性。基于这样的认识,虽然这部著作主要考察的是自造男人这一美国社会主导性男性气质,但他也没有忽略文雅家长和勇武工匠等男性气质模式的阶级属性和文化内涵,对它们的发展史和存在样态也给予了一定的关注。在基梅尔看来,一部男性气质的历史必须叙述两部历史:一部是理想型男性气质的变迁史,一部是与之并存而且相互竞争的几种男性气质的历史。显然,这是一种主次分明而又兼容并蓄的男性气质文化历史观。

二、防御性和公共性

　　在基梅尔的现代男性气质认知与研究体系中,权力依然是一个重要维度。但与康奈尔等男性研究学者和部分女权主义者有所不同的是,基梅尔还看到了男性气质中的防御性层面,看到了男性气质中权力的反向维度。

　　在一些女权主义者看来,男性气质被界定为对权力、支配和控制的追逐。然而基梅尔在男性气质研究过程中,印象最深的不是男性气质的进攻机制,不是对他人的支配和统治,而是男性气质的防御性机制,即担心

---

① Kimmel, Michael S. *Manhood in America: A Cultural History*. New York: Oxford University Press, 2006: 3-4.

被他人支配和统治："我是在女性主义视角的指引下开始这本书的历史研究的。但我搜寻到的历史资料却向我展示了不同的图景。与其说男性气质是为了获得对他人的统治，倒不如说是害怕他人统治我们，害怕他人拥有凌驾于我们之上的权力，害怕他人控制我们。在整个美国历史中，美国男性一直担心他人认为自己缺乏男性气概、软弱、怯懦和胆小怕事。"①这一点也是一些女权主义者和康奈尔等男性研究学者所忽略的。这一维度也让我们在一定程度上从两性秩序的思维模式中摆脱出来，看到男性气质与父权制没有太大关联的一面。

　　与防御性相关的是恐惧感，主要体现在担心达不到男性气质要求，担心自己的行为和表现不符合男性气质规范："美国男性气质的历史同时也是一部充满了恐惧、挫折和失败的历史。无论是在最宏大的社会层面，还是在最私密的个人生活空间，无论作为个人还是机构，美国男性都一直被各种恐惧困扰，担心他们不够强大、坚强、富有或成功。"②这也让美国男性在压制这些恐惧方面耗费了很多心力，"我们的大多数行为，无论在公共空间，还是在私人空间，都是为了抵挡这些心魔，压制这些恐惧"③，并且为此采取了不同的应对策略，"我认为这些行为可以划分为以下几种模式：一些美国男性竭力控制自己；他们把自己的恐惧投射到他人身上，当他们感到压力实在太大时，就试图逃避。这三种主题在接下来的内容中会被反复提及，即男性以自我控制、排斥他人和逃避的方式来让自己获得一种身为男人的安全感"④。

　　可见，为了抵制这种挥之不去的心魔，美国男性采取了三种应对策略。第一种策略是加强自我控制，提升自己的勇气和意志力，以免被这种

①　Kimmel，Michael S. *Manhood in America：A Cultural History*. New York：Oxford University Press，2006：4.

②　Kimmel，Michael S. *Manhood in America：A Cultural History*. New York：Oxford University Press，2006：6.

③　Kimmel，Michael S. *Manhood in America：A Cultural History*. New York：Oxford University Press，2006：6.

④　Kimmel，Michael S. *Manhood in America：A Cultural History*. New York：Oxford University Press，2006：6.

恐惧压垮。第二种策略是把这种恐惧投射到别人身上,把他人看作是自己的假想敌,对之进行排斥、仇视和打击,要么通过对他人的压制和控制来获得权力感,彰显和宣示自己的男性气质。第三种策略是逃避,是那些既不想或无力实现自我控制,也不想宰制他人的男性做出的选择。可以说,基梅尔的上述观察是非常深刻的,让我们看到了男性个体与其所在社会男性气质规范之间的张力关系,这种张力关系也与性别和种族歧视有着一定的内在关联,这一点在后文中我们还会详细展开。

自造男人式男性气质的另一重要特征就是它的公共性,即需要不断在他人,尤其是男性面前证明自己的男性气质:"自造男人最核心的特点就是要在公共空间中证明它的存在,尤其是工作场所。工作场所也因此成了男人的天地(更确切地说是本土出生的白人男性的天地)。"[①]为了让自己在别人的审判眼光下过关,达到他人和世俗的要求,对男性气质的追寻以及为了获得、展示和证明其男性气质所做的努力,已经成为男性生命中有着形构功能的一种行为,而且有着相当强的持久性。为了不断证明自己,展示自己,美国男性,或许也是现代社会所有男性就要不断在公共场合亮相和表白。在 19、20 世纪之交,男性气质逐渐成为一种行为、一种在公众面前展示的形式,男人们感觉自己一直都处在一种被展示的状态,而且这种展示的需求强度在与日俱增。要想在别人眼中成为一个真正的男人,一个人最好要经常东奔西走,并且表现得男性气质十足。这种压力是不言而喻的,对男性的人格将会带来很大的扭曲,很容易让男性的内心陷入严重的空虚状态,也很容易给男性带来严重的心灵创伤。

三、悖论性

美国男性气质的另一大特征是其悖论性。基梅尔首先对这种悖论性进行了简单概括,"这是一本讲述自造男人历史的书,他们野心勃勃,同时却又心怀忐忑,富有创意才智同时却又长期焦虑,他们是文化的创建者,

---

① Kimmel, Michael S. *Manhood in America : A Cultural History*. New York: Oxford University Press, 2006: 19.

同时又是自己创建之物的受害者"[1]，然后从历史的维度对这一悖论性进行梳理，认为美国男性气质的历史同时蕴含着多部历史。它既是无比壮观的技术和军事的胜利史，也是日常生活的无聊乏味史。它既再现了人们炫目的才华、惊人的体力或克服逆境时付出的英勇努力，也是一部在庸常环境中庸常男性承担日常责任以及在他们日复一日的辛勤劳作中寻求片刻舒适和安慰的历史。它既是一部充满能量和激情的历史，也是一部充满伤感和沉默的历史。这一概括也在一定程度上体现了男性气质在不同的空间场域、精神面貌、人格秉性和生活中有着不同的样态。在风云变幻、世事动荡的峥嵘岁月，男性气概可能凭借英雄人物的文治武力得到了极大程度的张扬，而在市民社会和庸常的环境中则可能备受压抑；对于伟大的人物和灵魂而言，男性气概是一种使之英姿勃发、纵横驰骋、力求卓越的雄性力量，而对于渺小平庸的人物来说，男性气概是对他的一种审判和嘲讽，是其压力和焦虑的源泉。

美国男性气质的悖论性的第一个重要体现是在职场上美国男性证明和彰显其男性气质的目标和这一目标实现过程之间的矛盾，即美国男性气质的获得恰恰是以其失去男性气质为代价的："中产阶级发现自己的工作处境不容乐观。经理人和白领工薪雇员所经受的这种新型的性别焦虑尤为严重。对他们而言，问题是如何既参与到商业界并且在向上爬的阶梯上找到自己的位置而又仍然能够不丧失自己的男性气质。一个作者在1873年把一个政府部门职员定义为一个'在办公室中没有独立性和男性气概的人……他必须公开宣布自己对上级的绝对忠诚，他要忍受被解雇的痛苦，并且必须在上级领导面前极尽卑躬屈膝和阿谀奉承之能事'。"[2]为了在职场上出人头地和扬眉吐气，在权力和财富上都显示出绝对的优势，从而彰显其男性气质，他们就不得不在达成此目的的过程中极尽卑躬屈膝和阿谀奉承之能事，这不能不引起人们的反思。

---

[1] Kimmel, Michael S. *Manhood in America：A Cultural History*. New York：Oxford University Press，2006：6.

[2] Kimmel, Michael S. *Manhood in America：A Cultural History*. New York：Oxford University Press，2006：71.

美国男性气质悖论性的第二个重要体现是男性社会空间和家庭空间不同角色之间的矛盾。一方面,男性在家庭中要有尊严并且得到家庭成员的尊敬就要有养家糊口的能力,而要有养家糊口的能力就必须拥有工作,而且不能失业,这也让他们在职场上变得唯唯诺诺,其男性气概始终处于压抑状态,正如基梅尔所言,"男人怎能保证自己在成为一个有责任感的养家糊口者的同时不会变成一个唯唯诺诺、低眉顺眼的苦工呢?男人怎么能够在成为积极主动、富有献身精神的父亲,并确保他们的儿子不变成娘娘腔的同时自身不会成为懦弱的人呢?男人在有妻子和子女需要供养的情况下又怎能让自己的心灵获得自由呢?"①也就是说,男性在一种空间中的男性气概的获得是以其在另一种空间中男性气概的压抑和阉割为代价的,这也是现代男性的一个普遍处境。

的确,作为美国社会长久以来的主导性男性气质模式,美国自造男人式男性气质顺应了美国资本主义经济发展和国家壮大的需求,是美国梦的男性版本,体现了美国主流社会的核心价值观,为美国的繁荣富强做出了积极贡献。对社会个体而言,这种男性气质也是充分发挥个人潜能和创造性、实现个人价值的重要推动力:"美国和美国男性气质同步发展,相互联系,构成了一种让这个国家成为世界上迄今为止最富有、最强大国度的动能,并且为每个自造男人个人成功、力量、权力和成就的获得留下了无限可能性。"②但其代价也是惨重的:这些可能性既是男性的自由也是他们的牢笼,不断迫使他们奔向新的领地,让他们像在跑步机上跑步那样,难以停歇。可见,如何平衡个人成就、社会发展与个人心理和灵魂的满足,是一个值得探究的问题。毕竟无论是个人的成功也好,还是社会的发展也罢,其终极目的还是每个人的健康和幸福。

---

① Kimmel, Michael S. *Manhood in America : A Cultural History*. New York: Oxford University Press, 2006: 156-157.

② Kimmel, Michael S. *Manhood in America : A Cultural History*. New York: Oxford University Press, 2006: 7.

四、同性交往性和身体性

与男性气质的防御性认知相关的是同性交往概念。如果说康奈尔更多地从两性秩序和性别政治的角度看待男性气质中的权力因素的话,那么基梅尔则根据美国男性气质的特殊文化属性,强调了同性交往(homosociality)在男性气质认知与建构过程中所扮演的重要角色:"美国男性与其说是在与女性的关联中定位自己的男性气质,倒不如说是在彼此的联系中确证自己的男性气质"[①],以同性交往和互动定义的男性气质有多个组成部分,"包括男性文化经常颂扬的战友之情、同窗之谊和亲密行为"[②]。可以说,这也是男性气质研究比女权主义进步的地方。与女权主义相比,"男性气质不仅在整个男性同盟对女性的压迫和剥削关系中得以界定,还由个体在男性同盟内部复杂的权力等级关系中具体所处的位置来确定,纠正了女权主义评论家不加区别地将男人等同于父权制的做法"[③]。在基梅尔看来,男性气质更多地来自同性之间的评价和审判,因为男性气质是在其他男性面前展示的,而且也要接受其他男性的眼光检验,"说起男性气质可以被证明,那是指它必须在其他男性面前证明"[④]。与女性的评判眼光相比,来自其他男性的监督和审判更为普遍和长久,而且伴随着男性的一生:"从 19 世纪早期一直到今天,男人为了证明其男性气质所付出的不懈努力主要花费在同性交际之中。从父亲、孩童时的伙伴到我们的老师、工友和老板,其他男性评价性的眼光一直在我们身上,注视着、审判着我们

① Kimmel，Michael S. *Manhood in America：A Cultural History*. New York：Oxford University Press，2006：5.

② Kimmel，Michael S. *Manhood in America：A Cultural History*. New York：Oxford University Press，2006：5.

③ 龚静.销售边缘男性气质——彼得·凯里小说性别与民族身份研究.成都:四川大学出版社,2015:68.

④ Kimmel，Michael S. *Manhood in America：A Cultural History*. New York：Oxford University Press，2006：19.

的一举一动。"①

　　另外，美国男性气质还越来越具有身体性或肉体性。这在一定意义上也可以看作是现代西方身体转向的总趋势中的一种性别表征。安德鲁·迈克尔·罗伯特认为，"对男性身体的这种表述暗示了在现代西方文化话语和习俗之中，男性气质是通过对男性身体的某些特征进行凸显、对其他特征进行压抑（被压抑的特征经常被认为与女性身体相关）以及在投射性否定过程中被生产、再生产和改进的"②。有学者认为男性气质在19世纪开始成为某种可以觉察到的东西，"外在的言行举止代表了男人的内在。因此，男性身体突然成为理想男性的重中之重"③。康奈尔也非常关注男性气质中的身体问题，但主要是从反身实践性的角度来谈身体在男性气质建构中的能动性，而基梅尔则主要从评判标准的角度谈论身体对于现代男性气质的重要性。

　　从内战结束到20世纪前几十年间，自造男人在日益工业化、城市化和拥挤的社会中遇到新的挑战。他们的职业生涯更不确定，难以为他们提供稳固的落脚点。在这种情况下，自造男人开始投身于体育等休闲活动，借此宣扬其男性气质。随着消费社会的到来，美国男性自身男性气质不再靠内在的人格品质和美德来证明，而是更多地靠外在形貌和消费能力得以展示。其中，身体自然也就成了男性极力塑造的对象，自造男人的男性气质理想逐渐习染了越来越多的肉体性，以至于在19世纪70年代"内在力量"的观念被肉体与身体的信条取代。在他们看来，"如果身体能够展现男人的道德品质的话，那么在身体上下点功夫就能够让一个人看上去拥有那些他自己已经无法确信是否拥有的道德品质"④。在这样一

①　Kimmel，Michael S. *Manhood in America：A Cultural History*. New York：Oxford University Press，2006：19.

②　Roberts，Andrew Michael. *Conrad and Masculinity*. London：Macmillan Press，2000：72.

③　Jeffers，Jennifer M. *Beckett's Masculinity*. New York：Palgrave Macmillan，2009：14.

④　Kimmel，Michael S. *Manhood in America：A Cultural History*. New York：Oxford University Press，2006：82.

种心理和思想的推动下，在 20 世纪到来之际，大规模的、全国范围的健康与体育运动盛行一时。男人们开始迫切希望通过塑造一个颇具男性气质的体魄来证明他们是拥有男性气概的内在品德的。在这一过程中，女性对男性的审美眼光和对男性气质的评判标准也起到了推波助澜的作用，正如 O. S. 福勒（O. S. Fowler）所警示的那样，"女人'同情软弱的男人'，但她们爱慕那些'面色红润的男人，而不是面色苍白的男人；宁可喜欢健壮的饲养员，也不喜欢瘦小的文雅之士；喜欢精力充沛的男人，而不是摇摇欲坠的男人；喜欢有着健壮肌肉的男人，而不是细皮嫩肉的男人，喜欢无论在思想上还是在身体上都无比强悍的男人，而不是羸弱的男人'"①。从辩证的角度看，男性气质的这种身体或肉体转向是有一定积极意义的，至少在男性身体健康方面，起到了促进作用。但对身体的过度看重也必将让男性气质在精神和道德层面上变得空洞和浅表，因此如何在精神和肉体之间获得平衡，是男性气质重构的一项重要议题。

第三节　美国男性气质的种种问题

与康奈尔等社会学家一样，基梅尔对西方现代男性气质认知、建构与实践过程中的种种问题有着相当大程度的反思。但与康奈尔不同的是，基梅尔没有过多地从父权制和男权思想等角度反思和批判美国现代男性气质，在运思方式上没有过多地纠缠于权力关系研究视角，而是设身处地地从自造男人这种主导性男性气质给男性带来的焦虑和恐惧、情感的压抑、人格的扭曲和父性的缺失等具体问题出发，反思和批判了该男性气质模式在价值取向和评判标准方面存在的缺陷，看到了该男性气质意识形态在种族迫害和性别歧视等方面所扮演的角色，并从女权主义研究学者那里借用了"男性奥秘"（Masculine Mystique）这一概念，洞悉美国男性气质危机和困境的根源。

---

① Kimmel，Michael S. *Manhood in America：A Cultural History*. New York：Oxford University Press，2006：83.

一、焦虑和恐惧

如果说以男性气概或男子气概为代表的传统男性气质是抵制压力和恐惧的精神力量的话,以自造男人为代表的美国现代男性气质却成了男性焦虑和恐惧的源泉,这也是美国现代男性最凸显的问题,很多其他问题都是由这一问题引发而来的。这一点已经引起了一些学者的重视:"马克斯·韦伯深入地审视了现代社会的内核,体察到现代美国男性气质的灵魂焦虑。"[①]在《美国男性气质文化史》中,基梅尔对这一问题同样给予了相当大的关注。

从性别的角度看,一种非常值得关注的恐惧是对其他男性的恐惧,即"同性恐惧症"(homophobia),而非对女性的恐惧。这种恐惧与上文提到的同性交往密切相关。根据基梅尔的研究,同性恐惧症包含在同性交往中,是同性交往中的一种心理体验。虽然同性恐惧症包含了人们平常认为的那种对同性恋的恐惧,担心自己被别人认为是同性恋,但它更多的是对其他男性评判眼光的担忧和戒惧,担心他们说自己不符合男人的标准,不是男子汉,缺乏男子气概。正如大卫·莱维伦茨(David Leverenz)所言,"基佬(faggot)一词与同性恋经历,甚至与对男同性恋的恐惧无关,它来自男性气质思想的深处,是一个极具蔑视性的标签,用来描述那些女里女气、不够强硬和冷酷的男性"[②]。随着工业社会的深入发展,男性之间的情感更加疏离。工业社会拉大了男人与男人之间的情感距离,让他们无法为彼此提供情感的支持,无法真诚地表达和交流情感,而是把彼此看作潜在的竞争对手。这也随之产生了另外一种同性恐惧,即担心自己被其他男性攻击和伤害,正如普莱克所说的那样,"一个男性与其他男性在一起时,总是担心受到其他男性的攻击、侵害、剥削,甚至从极端的意义上

---

① Kimmel, Michael S. *Manhood in America: A Cultural History*. New York: Oxford University Press, 2006: 71.

② Kimmel, Michael S. *Manhood in America: A Cultural History*. New York: Oxford University Press, 2006: 5.

讲，被他们杀害"①。

除此之外，对承诺或社会性别期待的无法兑现是恐惧的另一重要来源："如果美国自造男人式男性气质给出的承诺是向上攀升的无限可能性，那么它黑暗的一面则是噩梦般同样不可阻挡的向下坠落的可能性。美国男性气质——对坠落的恐惧总是多于对上升的兴奋，对失败的痛苦总是多于对胜利的激动——突然感到绝望，紧紧抓住任何能够凭靠的东西，就算仅仅是死撑在那里。"②按理说，自造男人式男性气质所展示的这种希望和提供的种种可能性本应当是男性向上攀升和奋斗的动力。但事与愿违的是，这种美好愿景却成了对向下坠落的恐惧，其主要原因还在于这种男性气质的他证性，在于过度看重结果、以成败论英雄，所以才导致了对失败的恐惧多于对成功的渴望与激动。

然而，更多的焦虑和恐惧是自造男人式男性气质的价值取向和评判标准造成的。从经济基础来看，这种建立在市场经济之上、靠市场上的成功得以证明的男性气质是极不稳定的，注定要充满动荡和风险。与文雅家长式和勇武工匠式男性气质的古板但相对稳定相比，自造男人式男性气质虽然自由、灵活却充满变数，随之而来的则是惶恐和焦虑："经济上的自治的脆弱一面是焦虑、烦躁和孤独。男性气质不再锁定在对土地和小规模资产的拥有或尽职尽责的服务上。成功需要博取，男性气质需要被证明——而且需要反复被证明。"③然而，随着工作性质的改变，以及本国女性和黑人男性，甚至外国移民"侵入"白人男性的领地，男性气质越来越难以被证明，这也无形中加重了美国男性的压力和焦虑。

经济是发展的，市场是变化的，建立在市场经济基础之上的自造男人式男性气质也自然风雨飘摇。由于没有了更为稳定的土地拥有权或工作

---

① Kimmel，Michael S. *Manhood in America：A Cultural History*. New York：Oxford University Press，2006：188.

② Kimmel，Michael S. *Manhood in America：A Cultural History*. New York：Oxford University Press，2006：218.

③ Kimmel，Michael S. *Manhood in America：A Cultural History*. New York：Oxford University Press，2006：17.

上独立自主的依靠,自造男人这一美国神话自诞生之日起就充满了焦虑和不安。把自己的身份与市场经济联系起来固然让人兴奋,市场的变动性的确给自造男人带来了很多机遇,也给他们带来了很多回报。很多人也的确靠这种变动性一夜暴富,成为富翁。但这种变动性也可以让一个富翁在一夜之间破产。尤其是后工业金融经济时代,这种情况更为普遍。在这种情况下,焦躁不安、缺乏安全感就成了自造男人的性格特征:"除了灵活多变、争强好胜和富有进攻性等习性外,自造男人在性情上还显得焦躁不安,长期缺乏安全感。为了给自己的男性身份构筑一个牢固的根基,他们可谓拼尽全力。"①

　　在各种恐惧和焦虑中,最令美国男性恐惧和焦虑的就是失业。对于多数男性,失业就意味着失去了养家糊口的能力,而男人一旦丧失了经济能力,他们作为一家之主的地位也大打折扣,他们的男性气质也同样受到了威胁。就此而言,一个男人的失业往往被看作是对其男性气质的阉割,正如鲍迈斯特所说的那样,"失业意味着他的生产不抵消费,他不那么男人。有时,失业会成为勃起功能障碍的原因。失去工作的男人觉得他不那么男人,而他的性器官用停止工作的方式标注了这种损失"②。然而一旦经济危机到来,失业问题就成了很多美国男性挥之不去的梦魇,其建立在养家糊口基础之上的男性气质也将面临严峻的挑战和危机。在 20 世纪 30 年代经济大萧条时期,"美国男性通过养家糊口的方式证明其男性气质的能力从没有经受过如此巨大的系统性打击"③。在这些惨淡的日子里,即便那些拥有工作的男性要想使其男性气质得到证明也不是一件容易的事情。竞争比以前更加残酷,对于很多美国人来说,职场形势变得越来越不容乐观。对于那些上班族和白领男性来说,形势依然很严峻,其

---

① Kimmel, Michael S. *Manhood in America: A Cultural History*. New York: Oxford University Press, 2006: 13.

② 鲍迈斯特. 部落动物:关于男人、女人和两性文化的心理学. 刘聪慧,刘洁,袁荔,等译. 北京:机械工业出版社,2014:154.

③ Kimmel, Michael S. *Manhood in America: A Cultural History*. New York: Oxford University Press, 2006: 127-128.

男性气质也在严苛的科层制和权力等级秩序中备受压抑。在 20 世纪 50 年代，男人面临着越来越多使其丧失男性气质的律令和使其蒙受羞辱的等级制度，而且其所栖居的世界也变得越来越拥挤。可见，想通过职场来帮助男人证明其男性气质实在不太可靠。

男性的性别角色给男性带来的焦虑和恐惧还体现在性的方面。在男性气质体系中，性一直是一个重要的组成部分，无论现实中，还是理论上，都是一个不可忽略的因素。在现实生活中，男性的性能力很多时候直接影响到其对自身男性气质的评价，影响到他的自信和尊严。性行为本来应当是按照愉悦原则进行的，但因为有了男性气质意识形态、性别政治和权力秩序的参与，性在很多时候变成了一种压力和恐惧。因为根据性别角色和男性气质的他证性，男人的性行为也要按照表现规则而不是快乐原则进行。男人把性当成了一份工作，并且在努力"把工作做好"的过程中，感受到了"表现的焦虑"。性成了一种"危险的接触"，一种对男性气概的终极考验。对于马克·法斯图（Marc Fasteau）来说，"我们的性别角色对我们的种种规约扼杀了'本应当是愉悦的、真实的、自发的性反应'"①。在康奈尔那里，性甚至是一种男性伸张其男性气概、确立其在两性秩序中优势地位的一种手段和凭借，可见人们的观念已经被扭曲到何等地步。

从格调和境界上看，在种种庸俗的价值观和鄙陋的社会风气影响下，现代社会中很多男性丧失了人类社会早期男子汉的豪迈和英雄气概，失去了光明正大、坦坦荡荡的胸怀和气魄，变得患得患失、蝇营狗苟，"现代男性受'焦虑而不是自豪感驱动'，擅长'暗地里争斗，而不是公开地角逐'"②，古代坦荡荡的君子蜕变成戚戚焉的小人。这也可以被看作是后英雄时代人性平庸的性别表征。在男性平庸化的过程中，内核日益腐朽的自造男人式男性气质显然扮演着一定的角色："自造男人式男性气质是一个陷阱，让男性深陷于毁灭灵魂的恶性竞争与疯狂消费的泥潭中不能

---

① Kimmel, Michael S. *Manhood in America: A Cultural History*. New York: Oxford University Press, 2006: 187.

② Kimmel, Michael S. *Manhood in America: A Cultural History*. New York: Oxford University Press, 2006: 158.

自拔。"①恶性竞争与疯狂消费,不会让人的灵魂高尚和伟岸,只会让人变得低俗和平庸。

二、情感的压抑

在诸多性别刻板印象中,感性是女性气质的主要特性,而理性则是男性气质的主要特性。因此,在很多文化中,情感的外露被看作是缺乏自制,从而缺乏男性气质的表现。这一点对于美国男性气质也不例外,甚至更为典型:"男人如果对女性表现出强烈的情感,他就会受到鄙视,被认为太女性化。男人在公共场合要避免女性化,而在私人空间里则可以表现得像个女人。"②其结果则是导致情感的过度压抑,这显然是有悖人性的,很容易导致人性的异化和人格的扭曲。美国男性气质之所以对感情如此否弃,在很大程度上也是由自造男人这种男性气质的主要目标和诉求决定的。自我成就需要自我控制,而自我控制则需要情感控制。殊不知,这种情感的压抑对男性的身心健康是非常有害的。约翰·布拉德肖(John Bradshaw)深刻地指出,"一个人一旦与他自己的情感失去联系,他就与自己的身体失去了联系。……让自己的情感、身体、欲望和想法都处于被控制的状态就意味着丧失自我,而丧失自我就意味着让自己的灵魂被谋杀"③。因此,如何处理男性气质的建构与实践和情感之间的关系,是男性气质研究的一项重要课题。

在18世纪,热恋或嫉妒的情感性爆发被认为是具有男性气概的表现;但现在则被认为是缺乏男性气概的表现,因为人们现在认为能够强烈感受到这些情感的是女性,而不是男性。真正的男人不会放纵自己的情感,而是会把它很好地用到职场竞争中去。这种逻辑的哲学基础则是在

---

① Kimmel, Michael S. *Manhood in America : A Cultural History*. New York: Oxford University Press, 2006: 159.

② Kimmel, Michael S. *Manhood in America : A Cultural History*. New York: Oxford University Press, 2006: 115.

③ Hooks, Bell. *We Real Cool : Black Men and Masculinity*. New York: Routledge, 2004: 137.

很大意义上把人当成了实现某种目的的工具和手段,而不是目的,所以男性的内心情感体验和表达当然也就是不重要的,甚至是需要极力排斥和摒除的。在这种情况下,保持一个真实完整的自我对于男性身心健康尤为重要,正如斯道尔坦伯格所言,"要想成为一个有道德、有主见并且能够为自己错误和正确行为负责的人,有一种真实的、富有激情的、完整的自我是至关重要的"[①]。然而,对于这些僵化教条、压抑人性的男性气质规范,总有一些男性能够以其强大的自我和十足的勇气对之进行超越,为人们树立了典范,美国的拳王穆罕默德・阿里(Muhammad Ali)就是这样的一位。如果家长式的男性气质把沉默寡言和无动于衷作为重要标准的话,"阿里却敢于大声说话、无所顾忌、兴高采烈,敢于表达情感、快乐和说笑,敢于表达悲哀、痛苦和伤心。在照片上,阿里微笑着拥抱黑人男性,毫不在乎与他们近距离的肢体接触"[②]。这些能够不受男性气质流俗左右、勇于恪守真实自我的男性将是男性气质变革的推动力量。

三、人格的扭曲

恐惧、焦虑与情感的压抑带来的一个严重后果就是人格问题,不利于男性内在修养的提升和人格的完善,甚至会给他们带来人性的异化和人格的扭曲。一方面,疲于奔命的男性气质让很多美国男性无暇顾及其人格的完整,对失败的恐惧让都市的实业家变得苟延残喘,让工人既没有时间也没有打算去实现其人格的完整。另一方面,迅猛的工业化进程、科技的日新月异、资本的集中、城市化和移民,这些因素合在一起让人有一种压抑、拥挤、没有个性、被阉割的感觉。男性气质曾经意味着独立自主和自我控制,但现在越来越少的美国男人能够拥有他们自己的店铺、把控他们自己的劳动、拥有他们自己的农场,而且"越来越多的男人在经济方面

---

① Stoltenberg, John. *The End of Manhood: A Book for Men of Conscience*. New York: Plume, 1994: 307.

② Hooks, Bell. *We Real Cool: Black Men and Masculinity*. New York: Routledge, 2004: 22.

失去了独立性,受制于时钟的统治"①。显然,自造男人式男性气质的标准和规范与现实条件之间存在着严重错位,这种错位给男性带来了更多的焦虑,更容易加重其人格的扭曲。

美国男性气质造成美国男性人格扭曲的另一大原因在于其价值取向和评判标准的外在性。这种外在性主要体现在男性作为人的目的和尊严被严重忽略,其生命本身不是目的,而是实现这些外在目标的手段。埃利希·弗洛姆(Erich Fromm)在其作品中书写了"市场取向"的美国男人。在这种取向的影响下,自我意识被建立在行动和成就的基础之上,而且要符合社会规范和标准。结果,重点不再是这个人是谁,而是他有什么:他人对我们的评价变得至关重要。对弗洛姆来说,"当代这些备受异化的男人是'有观点和偏见但无信念、有好恶却无意志'的个体,而新型男人则是那些能够'在从众心理泛滥的群体中不再为自由所累'的人"②。因此,对这种外在性价值取向和评判标准的反思和批判应当是新时代男性气质重构的一项重要任务。

四、父性的缺失

男性气质的公共性也在一定程度上导致了美国男性的父性缺失。由于过度看重男性在公共空间男性气质的证明,男人把公共空间和职场当作他们男性气质确证的阵地,从而影响了其在子女身上的情感、时间和精力的投入。女性和男性活动领域的分割对男人和他们的家庭关系产生着严重的影响。正如当代女权主义作家所说的那样,如果女人成了家庭的囚徒,那么男人就更容易弃家出走而不愿回家,生怕被女性化。因此美国的父亲们与他们孩子的生活越来越疏离,更何况工作场所需要他们付出的时间和精力越来越多。正如莎拉·皮尔斯(Sarah Pierce)所抱怨的那样,"大多数男人对他们的工作如此投入,以至于他们很少有机会充分理

---

① Kimmel, Michael S. *Manhood in America: A Cultural History*. New York: Oxford University Press, 2006: 58.

② Kimmel, Michael S. *Manhood in America: A Cultural History*. New York: Oxford University Press, 2006: 157-158.

解其子女的性格特征"①。父性缺失的一个重要原因是现代男性气质过多地强调男性的养家糊口的性别角色,强调其在家庭中的经济功能,这也无形中把父性沦为一种对孩子担负的财政功能,迫使男性不仅成为家庭中缺席的房主,而且对他们的孩子来说成了缺席的父亲。既然男性的价值和身份建立在养家糊口的角色上,男性把工作、事业、挣钱放在第一位,也是有一定必然性的。也许正是因为现实生活中父性的缺失及其带来的种种社会问题,父性成了美国小说的一大书写传统:"美国小说经常书写对父亲的找寻——一方面也许是为了给自己确立合法身份,但同时也是为了获得温暖和慈爱,因为读者们平素是很难感受到这些的,他们现实中的父亲都完全投入到工作中去了。"②

五、种族迫害与性别歧视

正如前文所提及的那样,由于美国男性气质具有相当大的防御性和他者导向性,最让美国男性担心和无地自容的是被认为缺乏男性气质,最让他们害怕的是被他人掌控和统治。在这种情况下,对他者,尤其是对女性和其他族裔的男性的排斥和压制就成了他们摆脱这种担忧和恐惧的一个重要手段,这一点从美国男性气质的初始定义上就可看出:"美国男性气质起先就是建立在对黑人和女性、非本土出生者(外国移民)和真正本土出生者(印第安人)的排斥基础之上,其理由则是他们不是'真正'的美国人,他们中的男人也不能被看作是真正的男人。"③在种族方面,美国男性气质中的排他性是导致种族歧视和迫害的一个重要因素。虽然美国自一开始就是一个多元文化的社会,但美国男性气质却总是建立在对他者的排斥的基础之上,遏制他人平等的就业、读书、选举等机会,拒绝做任何

① Kimmel, Michael S. *Manhood in America*: *A Cultural History*. New York: Oxford University Press, 2006: 39.

② Kimmel, Michael S. *Manhood in America*: *A Cultural History*. New York: Oxford University Press, 2006: 96.

③ Kimmel, Michael S. *Manhood in America*: *A Cultural History*. New York: Oxford University Press, 2006: 62.

有利于让他人与其平等竞争的事情,"这些男人似乎认为只要把工作、教育或政治等公共事业变成土生土长的白人男性的专属地,其男性气质的证明就会畅通无阻了"①。基于这样一种排斥、敌视和防御心理,美国白人男性对其他族裔进行了无情的打击和压制。其中,遭受迫害最为严重的则是美国黑人。

首先,他们的惯用伎俩就是借用一些歪理邪说把黑人男性低劣化、幼稚化和女性化,否定他们的成人男性身份,阉割他们的男性气质。一些人根据达尔文进化论认为与女人相比,男人处于一种高级的阶段。这样,一种常见的策略就是把其他种族的男性与女人和孩童联系起来,认为他们有返祖迹象,在人类进化的阶梯上比盎格鲁-撒克逊和日耳曼男性低级得多。黑人甚至被认为"在整个动物学尺度上则处在更为低级的阶段"②。比如,在美国漫长的奴隶制时期和奴隶制废除之后相当长的一段时间内,白人一直把黑人男性统称为"男仔"(boy),即便对方是成年男子,也用这种称谓。这一方面是出于对美国黑人的歧视,把他们看作是在智力和人格方面不成熟的种族;另一方面也是刻意而为,以此在显示白人种族优越性的同时企图把黑人男性幼稚化,从而利用白人的话语权在称谓上剥夺和阉割黑人的男性气概。这一点还与男性气概的定义有着密切关联。一个男性在成为男人的同时也就意味着他不再是个男孩。在人们的心目中,男人能够独立自主、自我控制和承担责任,而男孩则具有依赖性、缺乏责任感和自控能力。这种观念也曾经一度体现在语言中。manhood 这一术语曾经与 adulthood 同义。因此,把黑人男子称为男孩就意味着他还不能独立自主、自我控制和承担责任,还具有依赖性,因而不具备男性气概。

即便是同样深处社会底层的白人工人阶级,对美国黑人也充满排斥,把他们看作彰显其男性气质的他者:"自从诞生那天起,白人工人阶级就

---

① Kimmel,Michael S. *Manhood in America:A Cultural History*. New York:Oxford University Press,2006:30-31.

② Kimmel,Michael S. *Manhood in America:A Cultural History*. New York:Oxford University Press,2006:64.

把黑人奴隶看作是经济与道德上的他者，认为他们经济上的依赖性表明了他们缺乏男性气概以及道德上的堕落。"[1]可见，种族主义和排外主义有着强烈的性别印记，"似乎把'他们'描述得没有男性气质就能够让'我们'感觉更有男性气质似的"[2]。对于白人中产阶级男性而言，黑人男性成了他们展示其男性气质的有效参照系。那些无力实现阶级僭越、改变其低下社会地位的工人阶级白人男性，则把他们的白人性，把他们在黑人面前的种族优越性看作是一种心理补偿，并且把其在工作中受到的阶级压迫转移到种族秩序中。

其次，他们利用大众媒体对黑人男性进行丑化和妖魔化。一直以来，在美国本土出生的新教徒的男性气质是在对他者（黑人、犹太人、男同性恋和其他非白人移民）男性气质的非人性化的基础上建立起来的。后者要么被描述得男性气质过剩（野兽般的暴掠、狡猾、贪吃），要么缺乏男性气质（女性化、依赖性、柔弱乏力）。种族歧视、反犹主义、本土主义和对同性恋的憎恶，这些力量合在一起，都释放在对他者男性气质的贬低上。[3]一方面，他们对美国黑人男性进行丑化，极力渲染其他族裔男性软弱乏力、缺乏男性气质的性别形象，把非白人男性身上的这种被觉察到的或在很多情况下仅仅是被投射的柔弱性反复和强化，使之成为一个常规化的种族主题。另一方面，他们又对美国黑人进行妖魔化，夸大其性超人形象，把他们描述成性欲狂和只有兽欲却不懂情感的恶魔，时刻威胁着白人淑女的安全。

这也为美国，尤其是为南方白人暴民对黑人男性实施臭名昭著的私刑提供了冠冕堂皇的借口。据不完全统计，在 1900 至 1917 年间，1100多名黑人男性在南方被处以私刑。内战之后美国南方白人对美国黑人男

---

[1]　Kimmel, Michael S. *Manhood in America: A Cultural History*. New York: Oxford University Press, 2006: 23.

[2]　Kimmel, Michael S. *Manhood in America: A Cultural History*. New York: Oxford University Press, 2006: 129.

[3]　Kimmel, Michael S. *Manhood in America: A Cultural History*. New York: Oxford University Press, 2006: 230.

性的私刑之所以如此猖獗，在一定意义上体现了白人男性在黑人男性身上投射了他们对男性气概遭到阉割的恐惧。想当年，南方的军事溃败就被看作是对南方白人男性气概的阉割，让这些曾经被认为彬彬有礼并且英勇善战的南方骑士失去了以往的荣耀，而那些有关荣誉的理想在人们的心目中仍然占据着主导地位。

可以说，白人男性在黑人男性身上感受到的恐惧表明他们不仅对自己的白人性缺乏自信，而且对自身的男性气概也缺乏自信。这也是美国白人种族主义者长久以来千方百计地对黑人以及其他种族的男性进行打压的原因。这种建立在对弱势群体压迫基础之上的男性气概不是真正的男性气概，充其量是一种"伪男性气概"。在收录于《独裁性人格》（*The Authoritarian Personality*，1950）的著名研究论文中，伯克利和耶鲁的学者们认为独裁主义的人格情结（包括种族主义、反犹主义和一般性偏执狂）实际上是一种"伪男性气概"，一种掩盖性别不安全感的努力。最后，该文集的领衔作者西奥多·阿多诺（Theodor Adorno）在一年后写道："那些所谓的硬汉子其实是真正的女性化人物，他们需要弱者来做他们的牺牲品。"①对这些种族主义或独裁者来讲，男性气概是一种权力的表达，当这种权力欲无法在等级森严的阶级秩序中实现，甚至遭受严重压抑的时候，这种男性气概的伸张就变成了一种对弱势群体的压制。可以说，这种不讲道德、缺乏正义与公正感的男性气概与真正的男性气概是不能同日而语的，而且这种缺乏道德的男性气概是极其危险和具有破坏性的。

白人种族主义者对黑人，尤其是对黑人男性的种种歧视和迫害行为也必然引起美国黑人的极力反抗。从很大意义上讲，黑人的反种族歧视和压迫行为与其男性气概的建构与伸张是紧密联系在一起的。黑人的解放运动也是黑人男性重获其男性气概的政治运动。在1968年孟菲斯的那次环卫工人大罢工（小马丁·路德·金就是在那场罢工运动中被暗杀的）中，工人们胸前都佩戴着标语牌，上面用黑体大写字母写着"我是男

---

① Kimmel，Michael S. *Manhood in America：A Cultural History*. New York：Oxford University Press，2006：161.

人"(I AM A MAN),有力地说明了长期以来黑人男性气概所遭受的压抑和阉割,体现了黑人对其男性气概的强烈诉求。埃尔德里奇·克利弗(Eldridge Cleaver)在《冰上的灵魂》(Soul on Ice,1968)中这样写道:"我们要拥有我们的男性气概。我们要获得它,否则这个世界将会在我们获得它的过程中被踏平"①,痛彻地表达了黑人男性伸张其男性气概的强烈愿望。

在性别方面,美国男性气质的排他性本身也包含着对女性的排斥,是性别歧视的一个心理动因:"美国男性气质定义的一部分则是对女性气质的拒斥以及对母亲和妻子教化男人行为的抵抗。"②也就是说,现代男性气质是建立在与女性气质对立的性别基础之上的,具有男性气质就意味着没有女性气质。这一逻辑也自然把女性气质当成男性气质的对立面,同时也在很大程度上把女性当成了排斥甚至防范的对象。在这方面,前面提及的康奈尔的性别相对论思想是有一定的道理的。美国男性气质的排他性还助长了男性逃避家庭束缚的倾向:"每次离家上班,他们就逃离了女人,让自己的男性气质在其他男性面前得到证明。"③可以说,只要男性气质的价值取向和评判标准没有改变,这种男女对立的局面就会持续,甚至会愈演愈烈。

六、"男性奥秘"

鉴于以上种种问题,在19世纪最后几十年里,人们普遍认为男性气质陷入危机。曾几何时,美国男性对其男性气质总是信心满满,对自己在社会中的角色确信无疑,对自己的性别身份意识也没有感到有任何不安和含糊,但今天的美国男人越来越敏感地意识到,他们的雄性特质不再是一个事实,而是一个问题。美国男人印证他们男性气质的方式变得不确定和模糊不

---

① Cleaver, Eldridge. *Soul on Ice*. New York: Random House, 1991: 84.
② Kimmel, Michael S. *Manhood in America: A Cultural History*. New York: Oxford University Press, 2006: 41.
③ Kimmel, Michael S. *Manhood in America: A Cultural History*. New York: Oxford University Press, 2006: 30-31.

清了。太多的迹象表明,美国男人的自我概念确实出了严重的问题。21世纪已经到来,但由于受工业化和非工业化(deindustrialization)以及外来移民的挑战,美国男性的焦虑并没有减轻,甚至还有加重的趋势。正如过去一样,在21世纪到来之际,美国男人越发感到焦虑,男人们感觉他们证明其男性气质的能力越来越受到工业化和非工业化、外来移民和能够感受到的侵犯所威胁。工业化和非工业化让男人越来越无法掌控对自己的男性气概的成功表现;自我成就式的成功越来越少,而更多的是让人自责的失败。

　　对此,基梅尔从美国学者贝蒂·弗里丹(Betty Friedan)那里借用了"男性奥秘"这一概念,以此破解美国男性气质的迷局,并且为现代男性走出困境寻找出路。在她的著作《女性奥秘》(*The Feminine Mystique*,1974)的结语(Epilogue)中,弗里丹提出了与"女性奥秘"相对应的"男性奥秘",用来揭示给美国男性带来无限困扰和痛苦的传统男性角色观念及其危害:"只要我们继续充当让我们无法彼此了解或成为自己的角色,我们怎能彼此真正地相知和相爱呢? 不管他们在性的方面做过多少尝试,男人不是和女人一样被封锁在孤独、异化的世界里吗? 恐惧、泪水和柔情,统统都要控制,很多男人年纪轻轻的就死于非命了! 在我看来,男人不是敌人——他们同样是受害者,在一种过了时的男性奥秘操控下,饱受折磨。这种男性奥秘在没有黑熊捕杀的时代让他们感觉自己一无是处,这显然是毫无必要的。"①基梅尔援引了"男性奥秘"这一概念指代传统男性气质和性别角色中那种企图集严肃负责的养家糊口者、不动声色的命运操控者与虚张声势的英雄于一身的不切实际的观念,而且认为这些观念是具有欺骗性的。

　　由于在价值取向和评判标准方面发生的种种蜕变,现代男性气质在一定程度上成了众多社会问题的一个重要肇因,正如托德·利泽尔(Todd Reeser)所言,"现代社会的许多问题可以被看作是男性气质的各种要素导致的结果:暴力、战争、性别歧视、强奸和同性恋恐惧症,所有这

---

① Friedan, Betty. *The Feminine Mystique*. New York: Dell, 1974: 371-372.

些都与男性气质有着某种关联"[1]。因此,在 20 世纪 70 年代中期出现的
"男性解放"的呼声和运动中,首先要做的就是破除"男性奥秘",目的是要
把男性从社会赋予他们的限定性角色中解放出来。对于大多数男性解放
主义者来说,通过抛弃现代男性气质的束缚和困扰,"男人就会活得更长
久、更幸福、更健康,会过上一种能够与孩子、女人和其他男人分享亲密情
感和关爱的生活"[2]。然而,这种简单抛弃美国传统男性气质的做法也有
点过于简单,而且也是不符合现实的。对此,基梅尔并不完全赞同,对传
统男性气质中的积极因素他还是采取了继承的态度。一方面,男性气质
和性别角色观念不可能消失,单方面地对之进行否弃无异于一厢情愿和
掩耳盗铃。另一方面,问题的关键不是有没有男性气质和性别角色,而是
应该怎样去界定和引导,应当秉承怎样的价值取向和评判标准。

第四节　真正男性气质理想的定义与重构

基梅尔对美国男性气质的三种模式的划分从经济基础、社会基层和
生活方式等层面和角度展示了美国男性气质的变迁,让人们看到美国男
性气质与政治、经济和思想观念之间的互动关系。同时我们也要注意到,
男性气质虽然可能因为民族、文化和时代的不同会呈现不同的面貌和思
想内涵,但在现实甚至理论层面,总有一些思想内涵和因素是可以通约
的,也是可以深入人心的。即便有着很大阶级和人格气质分野的文雅家
长、勇武工匠和自造男人式男性气质,彼此之间也并非水火不容。

另外,虽然从经济模式和社会发展的角度来看,自造男人式男性气质
占据了主导地位,但在美国民众心目中,勇武工匠式男性气质,或更恰当
地说是男子气概依然享有很高的地位,否则众多总统、政客就不会那么苦
心孤诣地塑造自己勇武工匠的男性形象。因此我们还要注意现实社会中

---

[1]　Reeser, Todd W. *Masculinities in Theory*: *An Introduction*. Chichester: Wiley-
Blackwell, 2010: 7.

[2]　Kimmel, Michael S. *Manhood in America*: *A Cultural History*. New York:
Oxford University Press, 2006: 187.

主导性男性气质意识形态和民众心目中的男子气概之间的差异。基于这种思考,除了社会学学者所强调的权力关系之外,我们还需要从文化价值观的角度对之进行考量,并在此基础上对真正男性气质理想进行再思考。

20 世纪接二连三的经济大萧条和市场经济的动荡不安让美国男性开始意识到建立在财富和流动性基础之上的男性气质本身的悖谬性,而且放弃了对市场经济和商业活动的信念,认识到靠经济上的成功来证明其男性气质的虚妄。因此,一些有识之士开始对自造男人的整个设想进行了反思和质疑:"为什么男性气质要求拥有凌驾于其他男人和女人之上的权力? 而且如果如此众多的男人成了在市场交易活动中不遗余力地证明自己男性气质的牺牲品的话,那么也许美国文化自身就存在着问题。"①正如女性已经开始致力于从限制性的性别角色刻板印象中解放出来一样,男性也开始认识到现代男性气质的诸多规范是一种负担、一种压迫形式:"我们很多人越来越清楚地意识到,我们最重要的内心需求不能仅仅像社会对我们所期待的那样表现得像个男子汉就能满足。"②

尽管如此,依然有很多男性仍旧抱残守缺,无法走出美国自造男人式男性气质的牢笼,并在其中备受煎熬。千禧之年来了又去了,而美国男人仍然感觉有证明其男性气质的强烈需求。他们脚下的根基也许已经开始动摇,支撑他们的旧有的结构也遭到破坏或者消失,但是男人们对现代男性气质的处方依然保持着忠诚。他们在那些屡试不爽的策略中寻找出路:"自我控制、排除异己和一走了之。"③因此,重新界定和建构男性气质,以便任何男性都可以获得它并且顺利地传承下去,是新时代摆在男性研究学者面前的一个重要议题。这也是基梅尔在他的《美国男性气质文化史》中非常关注的一个命题。在对以上对美国男性气质诸多问题的反

---

① Kimmel，Michael S. *Manhood in America：A Cultural History*. New York：Oxford University Press，2006：70.

② Kimmel，Michael S. *Manhood in America：A Cultural History*. New York：Oxford University Press，2006：185.

③ Kimmel，Michael S. *Manhood in America：A Cultural History*. New York：Oxford University Press，2006：221.

思基础上，基梅尔对美国男性气质的再定义和重构进行了深入的思考。

首先，基梅尔对早期美国男性气质的优秀品质进行了向上回望，对其所蕴含的优秀精神品质进行了肯定和继承。早期的男性气质的界定具有明显的集体性、公共性和利他性，讲求一个人对集体与他人的贡献。在著名美国作家约翰·奥利佛·基伦斯（John Oliver Killens）看来，"英雄主义在于试图为自己及人们创造一个更加美好的世界，英雄的显著标记是他对人民的爱"[①]。根据基梅尔的考察，在早期的期刊中，"英雄主义由男人的有用性、服务性及其对责任的担当得以界定。在 1810 年至 1820 年间，人们新造了'养家糊口者'（breadwinner）这一术语来指代这种有责任感的家庭型男人。这种养家糊口的理念直到现在依然是美国男性气质的一个核心特征"[②]。这些都是传统男性气质的恒定因素。而且在早期的男性气质认知体系中，奢华、放纵、懒惰、玩乐、无所事事等行为都会损害一个人的男性气质。另外，从早期的男性气质的内涵和宗旨来看，正如爱默生的散文反复强调的那样，"通过自强不息的奋斗，一个出身卑微的男性获得很高的社会地位，这构成了男性价值的主要叙事内容"[③]。显然，早期的男性气质与美国梦可谓"同气相求"，对个人的成长和建功立业也具有积极的促进作用。

因此，对早期美国男性气质模式（比如勇武工匠式男性气质）中的这些男性气概美德的追念和眷顾就成了学者们重构男性气质理想的一个起点，梭斯坦·维伯伦（Thorstein Veblen）就是这样的一个学者。一方面，他感喟"早先让勇武工匠们深受鼓舞的诸如节俭、努力工作和奉献等传统生产主义理想和品德，现在已经非常缺乏了"[④]；另一方面，他认为美国男

---

① 贝尔.非洲裔美国黑人小说及其传统.刘捷，潘明元，石发林，等译.成都：四川人民出版社，2000：303.

② Kimmel，Michael S. *Manhood in America：A Cultural History*. New York：Oxford University Press，2006：15.

③ Kimmel，Michael S. *Manhood in America：A Cultural History*. New York：Oxford University Press，2006：20.

④ Kimmel，Michael S. *Manhood in America：A Cultural History*. New York：Oxford University Press，2006：72.

性气质需要回归共和国时期的美德和工匠价值观,简朴地生活,辛勤地工作。之后,随着商业资本主义经济的兴起,随着贫富分化,虽然人们恪守的传统男性气质信条有所削弱,男性气质在价值取向方面也不可避免地出现拜金、贪婪、享乐主义和消费主义等倾向,但正如吉尔默的研究所展现的那样,作为一种全球性的文化存在,传统男性气质的一些主要精神品质是不会因此而消失殆尽的。如果对这些我们不能熟视无睹,我们就犯了历史虚无主义的错误,我们的研究不仅非常残缺,而且很容易给人以误导。

其次,基梅尔探究了美国男性气质与文化价值观之间的关联,从文化价值观的角度审视男性气质在思想内涵和评判标准方面发生的蜕变。在梭斯坦·维伯伦的著作《闲暇阶层论》(*The Theory of the Leisure Class*,1899)的启发下,他首先认识到美国在 19 世纪末从生产型社会向消费型社会的转型,导致了男性证明其自身价值舞台的变迁,从生产领域转变到消费领域,并且他认识到与这种社会转型相伴而行的男性价值的变迁:"在消费文化时代,身份不再凭靠个体的为人处世而获得,而是更多地依赖于一个人的外表和生活方式。"①也就是说,美国现代男性气质的思想内涵和性别规范是美国文化价值观蜕变的产物。

接着,基梅尔从 manhood 和 masculinity 两个概念的更迭来阐释美国男性气质思想内涵的变迁:在 20 世纪开始之际,manhood 逐渐被masculinity 代替,后者指的是与 femininity 相对的一套行为特征和态度。男性气质是需要不断展示的东西,个体要不断质问自己是否拥有男性气质——以免因给人太女性化的印象而让自己名声扫地。从一定程度上讲,美国早期的男子气概(manhood)在 20 世纪初被男性气质(masculinity)替代了。可见,美国现代男性气质是传统男子气概价值观蜕变的产物。这一点与康奈尔的观点显然有着很大的不同,后者不承认男性气质的线性发展,不认为存在传统男性气质到现代男性气质的转变。孰是孰非,是可以

① Kimmel, Michael S. *Manhood in America*: *A Cultural History*. New York: Oxford University Press,2006:81.

进一步讨论的。

　　同时我们还需注意,即便男性气质的文化价值观存在这种变迁性,但有些因素依然具有一定的恒定性。在这方面基梅尔显然已经有所认识。与康奈尔过度看重男性气质的变化性有所不同的是,基梅尔还强调了男性气质变化中的某些恒定的东西,展现出了一定的历史唯物主义特点:"这本书是美国男性气质发展的历史——它是如何随着时代的变化而变化以及某些准则又是如何一成不变的。"[①]例如,独立革命时期的男性气质理念甚至影响到当今人们对男性气质的界定:"我认为它的某些最重要的特性得益于独立革命——自造男人在那个时代的出现以及他们在新的美国民主政体下获取的巨大成功在很大程度上左右着今天人们对'真正的'男人的界定。"[②]这说明了男性气质中有些价值观念和思想内涵的恒定性。事实也的确如此,传统男性气质的某些品质已经深入人心,并且以不同的方式存在着。无论在日常生活之中,还是在影视文化之中,我们都能看到这种存在。就好莱坞的影片来看,英雄主义一直都是最为重要的主题,英雄形象一直都是观众们最喜欢的人物形象。

　　再次,他援引社会学家大卫·莱斯曼(David Riesman)的观念分析了美国男性气质从内在导向(inner directed)到他者导向(other directed)的蜕变,并阐明了他在男性气质价值取向方面的认知立场。在其经典著作《孤独的大众》(*The Lonely Crowd*,1947)中,大卫·莱斯曼指出了在身份认同与伦理道德方面由"内在导向的"19世纪男人(在内在道德感的驱动下具有强大人格品质的男人,把自己的身份建立在固定的原则性基础上的男人)到"他者导向的"20世纪男人的转变,后者性格敏感,竭力让自己适应社会,讨人欢喜。内在导向的男人我行我素,能够遗世独立,按照内心的律令行事;他者导向的男人不停地在自己脑际的雷达屏幕上扫描,密切关注公众和他人对自己态度和看法上的变化。对于他者导向的男人

[①]　Kimmel, Michael S. *Manhood in America: A Cultural History*. New York: Oxford University Press, 2006: 13-14.

[②]　Kimmel, Michael S. *Manhood in America: A Cultural History*. New York: Oxford University Press, 2006: 13-14.

来讲,有一个好的个性是赢得朋友、影响他人的途径。

　　但通过对男性气质价值取向蜕变的考察,基梅尔已经明确了他对男性气质的认知立场,即真正的男性气质应当是内在导向的,是在道德感驱动下的一种强大的人格品质,能够让人恪守内心的真实,让人按照内心的良知和律令行事,而不是受他人和社会流俗的影响;让人坚持道德原则和判断,而不是仅仅为了让自己适应社会的发展和得到他人的赏识与提拔而丧失了自己的独立人格,见风使舵,随波逐流。这一立场在他评介戴尔·卡内基(Dale Carnegie)的畅销书《如何赢得朋友和影响他人》(*How to Win Friends and Influence People*,1936)时再次得以体现。在该书中卡内基"建议读者要与社会地位、财富和权力等个人成就的传统衡量尺度保持距离,因为这将是一个人想成为时代的少数成功者的明智举措。一个人的价值不是通过出人头地来衡量的,而是更多地看他能否适应社会"[①]。

　　但基梅尔通过对"性格"(personality)和"品格"(character)的辨析表明了他并不完全赞同卡内基给读者开出的药方,认为卡内基的自我规划看起来是要把注意力更多地从外在的成功陷阱转移到内在力量,也即个体的性格上去。但是20世纪的"性格"与19世纪的"品格"是不能相提并论的,它指的是一种可塑性手段,能够用在具体的社会环境之中,目的是获得他人的赞同和提拔。这里的"品格"一词更多地指人的内在品德与人格,主要指人的德性,与为了适应社会而形塑的审时度势的"性格"或"个性"是不能同日而语的。公允地讲,卡内基向读者提出的不要过度热衷于社会地位、财富和权力等个人成就的建议是有一定道理的,因为对这些因素的过度热衷很可能会让人们成为追名逐利的动物而失去了内心的律令,但他让人这么做的目的却让人面临丧失独立人格的危险,这是基梅尔不太赞同的重要原因。

　　同时,基梅尔还借用了心理学领域在男性气质方面的研究成果,再次

---

① Kimmel,Michael S. *Manhood in America*:*A Cultural History*. New York:Oxford University Press,2006:133.

表达了他对美国男性气质价值取向方面的态度和立场,及其对美国当代男性气质的重构思想:"在此,心理学再次提供了一些安慰。男性气质需要重新界定,不再按照公共空间中所取得的成就来衡量,而且应当被看作是个体特定内在自我的外在表现。"①也就是说,男性气质可以在某些具体的特性和态度、特种行为和观点中得以确认。如果男人表现了这些态度、特性和行为,他们就可以确信无疑地认为自己是"真正的"男人,无论他们在职场上表现得怎么样。

在此基础上,基梅尔表达了他对真正男性气质的理解,认为男性气质被人们用来界定一种内在的品质、一种独立自主的能力、一种责任感,并且进一步指出,"男性气质的内在体验是由道德高尚的自我向外散发出来的一种男性自信"②。另外,他还通过对 manhood 与 childhood 的语义辨析,进一步阐发人类社会早期真正男性气质的思想内涵,尤其强调了男性气质的内在品质和责任意识:"manhood 以前一直被用来界定一种内在品质、一种独立自主的能力和责任感,并且在历史上一直被看作是与 childhood 相对的词。成为一个男人不是理所当然的事情,在某些时候,一个成熟的男孩会向世人证明他已经成为一个男人,已经把孩子气的东西丢在一边。"③可以说,在很多人文学者心目中,人格和心灵上的独立自主一直都是男性气质的重要特征,爱默森等学者甚至把心灵上的自主权看作是男性气质最基本的品质。另外,基梅尔还对遵从主义者和非遵从主义者两种极端倾向予以了关注。在他看来,在 20 世纪 50 年代,美国男人走向了两个极端:一种是过度遵从主义者,这种男人没有面孔,没有自我,在社会上无足轻重;另一种是变幻莫测的、难以让人信赖的非遵从主义者。他在此基础上提出了自己的看法:"男人要获得自己的身份就不能

① Kimmel, Michael S. *Manhood in America*: *A Cultural History*. New York: Oxford University Press, 2006: 136.
② Kimmel, Michael S. *Manhood in America*: *A Cultural History*. New York: Oxford University Press, 2006: 82.
③ Kimmel, Michael S. *Manhood in America*: *A Cultural History*. New York: Oxford University Press, 2006: 81.

过度遵从，不能成为穿着灰色法兰绒套装的行尸走肉，否则就会丧失灵魂；但他们又不能太特立独行，否则他们就会置家庭和工作责任于不顾，而是一味地追求逃避性的刺激和快乐。"[①]

可以说，作为一个社会学家，基梅尔能够不拘泥于康奈尔等社会学家的男性气质研究的性别政治思维模式，而是在一种美德伦理的指导下，在一种人文关怀和人道主义精神的观照下，对当代男性气质理想进行重构。作为一个社会学家，基梅尔能够做到这一点已经非常难能可贵了。在这一点上，他与前面谈到的政治哲学家曼斯菲尔德有着相当高的一致性。然而基梅尔对男性气质的这种认知和界定还没有引起学界的足够重视，其对男性气质研究的这种人文倡导也没有得到多大的呼应。究其原因，一方面，对男性气质的人文思考并没有成为基梅尔男性气质研究的主体，还缺乏持续性和系统性，因而还没有产生足够的影响力；另一方面，像基梅尔这样具有开阔的学术视野和深厚的人文素养的学者还是少数，还不足以左右和引领当下男性气质研究的趋势。然而，他在该著作结尾处提出的这种构想在一定程度上为新时代男性气质的重构指出了一个正确的方向。

通过以上对来自社会学、文化人类学、文化心理学、政治哲学和历史文化学等在男性气质研究领域做出突出贡献的学科代表学者及其思想的概述，我们大体上可以把已有的研究分成三大类：男性气质的社会学研究、男性气质的文化学研究和男性气质的思想史研究。从他们在主题词选择方面存在的细微差异可以看出他们的出发点和视角的不同。社会学选择的是男性气质（masculinity）这一新兴概念，而其研究的重点也集中在当今社会男性特质状貌，在男人与男人以及男人与女人之间的权力等级秩序中审视男性气质的形构状况，有着相当强的性别政治学的意味。文化人类学、文化心理学和历史文化学则倾向于使用男子气概（manhood）这个更加口语化和通俗化的男人特性概念，重点考量的是文化传统和习俗中的

---

① Kimmel，Michael S. *Manhood in America：A Cultural History*. New York：Oxford University Press，2006：155.

男性特质。而以曼斯菲尔德为代表的哲学家则选了男性气概(manliness)这一更具道德与精神品质的男性特质概念,主要从美德与人格的角度审视男性特质。

　　总之,对于男性气质这样一个有着明显跨学科性质的错综复杂的、有着多种面向的文化命题和学术概念,没有任何一个学科可以包打天下,必须在跨学科或多学科的视野下,不同学科取长补短、共同努力,才能极大限度地呈现男性气质的本来面目,才能比较完整地展现男性气质的真实图景,才能有助于世人对男性气质认识的深化,才能让这一话题的研究得到健康发展。这也要求不同学科的学者放弃学科偏见,求同存异,力求在一些基本的层面达成一定的学术共识,形成学术合力,这样所研究的成果才能具有一定的学术凝聚力和社会影响力,才能引起社会的重视并且真正促进当下人们对男性气质的正确认知、建构与实践。对于人文学者,尤其是对文学研究学者而言,我们在辩证地汲取其他学科的研究成果的同时,还要立足于自己的学科,充分发挥人文学科,尤其是发挥文学在男性气质研究领域的学科优势,借力发力,为这一话题或专题的学术发展做出本学科的贡献。

第六章 文学领域中的男性气质书写

正如曼斯菲尔德所言，在男性气概方面，文学更有话说。通过不同人物形象的塑造，文学作品为人们实现对男性气质全面深入的认知和学界的男性气质研究提供了宝贵素材。文学一方面对人们在男性气质认知、建构和实践方面存在的误区进行反思，一方面为男性气质的正确认知、建构和实践提供典范和榜样。而且，作为有着浓厚人文特性的艺术门类，文学在男性气质书写方面有着自己独特的传统，在男性气质的概念选择、定义、价值取向和评判标准方面以及男性气质的建构方式方面有着自己的体系，为健康男性气质的认知和建构提供了不可取代的视角和思想。

然而由于个中原因，文学在男性气质话题方面蕴含的思想文化价值并没有得到足够的重视和深入的挖掘。仅以美国文学为例，男性气质是贯穿诸多小说、戏剧乃至诗歌中的重要文学主题，有着悠久的叙事传统。如果就像基梅尔所说的那样，不了解美国男性气质就无法了解美国历史和政治的话，那么，不了解美国男性气质则同样无法了解美国文学。尤为值得称道的是，美国文学中书写的男性气质似乎并没有完全遵从美国主流社会男性气质逻辑，而是对"自造男人"这一主导性男性气质模式有着更多的反思，对"勇武工匠"等传统男性气质模式则表现出更多的认同，这一点在西部牛仔文学以及舍伍德·安德森、阿瑟·米勒和欧内斯特·海明威等现当代作家的文学创作中表现得尤为突出。

对勇武工匠等传统男性气质模式的缅怀，首先体现在大量的西部牛仔文学中。牛仔在美国文化史中有着重要的地位：这一人物形象也让美国为世界传奇英雄的丰富性做出了自己的贡献。而牛仔文学的兴盛恰恰是美国勇武工匠式男性气质逐渐走向没落之际："牛仔胆识过人,无比荣耀。牛仔在文学中大量出现的时候也正是其作为一个独立自主的工匠消失并且转变为畜牧业的薪水工人之际。"①因此,从一定意义上讲,牛仔文学的兴起与牛仔式英雄人物形象的塑造是文学界对勇武工匠式男性气质的一种忧思和缅怀。

与康奈尔等学者的观点不同的是,西部文学中男性气质书写和建构的目标并非是压制女性,与大男子主义和父权制似乎也没什么太大的关联,而是表达了男性不希望自己被科层制社会驯化、不希望整日活在焦虑和恐惧之中的强烈愿望。作为一种文学体裁,西部小说再现了对大男子主义幻想的美化,其反叛的不是女性,而是女性化表现。广阔的草原是让男性从职场羞辱、文化的女性化以及家庭对男性气概的阉割中解放出来的领地。在那里,酒吧代替了教堂,篝火代替了维多利亚式的客厅,牧场代替了工厂的地板。西部成了一个纯洁的、原始的男性领地。同时,牛仔精神也体现了早期男性气概的诸多美德:"自律,对既定目标的坚持不懈,对知识、技能、创造性和优良判断力的运用,以及在精疲力竭和难以克服的阻力面前依然一往无前、继续奋战的能力。"②而这些都是在后工业消费社会日渐消逝的精神品质。在这样一种思潮和民族情感结构的召唤下,西部冒险故事、战场上男性气概的考验和证明、勇武工匠工作场所的开拓以及对拜金主义商业价值观和贵族势利眼的批判,都是19、20世纪之交的男性文学中占统治地位的主题。

面对机器大生产对人性的挤压,舍伍德·安德森表达了他对现代男性的焦思,认为包括自己在内的现代男性在机器面前感到非常迷惘和"无能"(impotent),似乎遭到了机器的阉割:"机器让我感到非常渺小。对我而言,它们太复杂,太让人眼花缭乱了。我的男性气概还不足以和它们对

---

① Kimmel, Michael S. *Manhood in America*: *A Cultural History*. New York: Oxford University Press, 2006: 100.

② Kimmel, Michael S. *Manhood in America*: *A Cultural History*. New York: Oxford University Press, 2006: 101.

抗。它们做起活来又好又多。"①然而，安德森没有因此把女性、移民或其他族裔的男性当作排斥和敌视的对象，也没有把恐惧和愤怒转嫁和发泄到他们身上。尤其在女性方面，他不但没有任何歧视思想，反而把她们当作男性的拯救者，认为"性依然鲜活地保留着对男性而言业已枯竭了的东西"，认为女性"在精神上还没有被机器搞得衰弱乏力。她们还没有把从机器那里获得的力量感当成是她们自己的力量"。② 因此，依然置身于人性世界中的女性，是男性唯一的拯救者。这种洞见和博大的人文主义情怀是极其难能可贵的。对自造男人式男性气质反思最深刻的当属阿瑟·米勒的《一个推销员之死》(*Death of a Salesman*, 1949)。在基梅尔看来，该剧作算得上是文学史上对中产阶级男性气质哀婉特质及其后果描述得最令人信服的作品。该剧作揭示了自造男人式男性气质所强调的市场上的成功、社会流动性和出人头地思想给剧中男性人物的人格带来严重的扭曲。

　　在男性气质书写方面最突出和典型的作家应当是海明威，无论是其个人的外在形象、个性气质、兴趣爱好，还是其文学创作中的主题，都演绎了他对真正男性气质的理解和想象。在文学创作方面，他的短篇小说《弗兰西斯·麦康伯短暂的幸福生活》("The Short Happy Life of Francis Mecomber", 1936)和长篇小说《老人与海》(*The Old Man and the Sea*, 1952)都是男性气质书写的典型作品。他提出的"重压下的风度"(grace under pressure)就是其对真正男性气质理想的基本定义，其在《老人与海》中所说的那句"一个男人可以被毁灭，但不能被击败"③名言则是他对真正男性气质的经典诠释。就海明威的生命经历来看，他的传奇经历和硬汉风格则是对他心目中理想男性气质的实践。他避开了他所出身的上

① Kimmel, Michael S. *Manhood in America*: *A Cultural History*. New York: Oxford University Press, 2006: 132.

② Kimmel, Michael S. *Manhood in America*: *A Cultural History*. New York: Oxford University Press, 2006: 132.

③ Hemingway, Ernest. *The Old Man and the Sea*. New York: Scribner, 2003: 103.

流社会的温文尔雅，拥抱了一种粗犷的勇武工匠式男性气质，并以拳击比赛、斗牛、狩猎和当兵等最具仪式意味的方式对之进行建构和实践。

尤为难能可贵的是，文学作品不仅对男性人物形象及其男性气质予以正面书写和再现，而且还细致全面地再现了女性的既定社会男性气质意识形态的认知状况对其情爱观、择偶标准、两性关系等方面的影响，揭示了女性对男性气质的认知对其自身女性气质和自我身份认同的影响，展示了女性在男性气质建构过程中所起到的重要参与作用，而学界在这一层面的关注还是远远不够的。如果女权主义因其对男性的诸多问题缺乏正面、深入的关注的话，那么当今的男性研究则应当吸取教训，避免这一缺陷。

从学理上讲，性别意识是在两性互动中形成的，是相对的，是相互依存的，没有男性气质也就无所谓女性气质，没有女性气质也就无所谓男性气质。从现实的层面看，与女性气质是在男性的凝视和评判下建构起来一样，男性气质的建构同样离不开女性的凝视和评判，离不开女性的参与。很多时候，女性比男性自身更在乎男性气质，女性在男人男性气质建构过程中所扮演的角色不可忽略，正如布劳迪所言，"在一种能够有别于宗教、血统以及武士精神的男性气质的形成过程中，女性的存在起到了至关重要的作用。在中世纪的男性作家和艺术家们看来，女性的瞩目验证了男子的气概"①。这一点在学界还没有引起足够的重视。

在本章第一节，我们通过对《包法利夫人》中女主人公爱玛的悲剧根源的分析，引发对该作品在男性气质方面蕴含的思想的多维度探索和挖掘，审视法国资本主义兴起之际现代男性气质的整体图景，证明对男性气质价值取向和评判标准的错误认知将会给人们的思想和行为带来危害，这也是男性气质研究的重要社会价值所在。

在第二节，我们将分析《飘》所再现的几种男性气质类型。通过杰拉尔德、阿什礼和瑞特这三个主要男性形象的塑造，该作品向读者展示了美

---

① 布劳迪.从骑士精神到恐怖主义：战争和男性气质的变迁.杨述伊，等译.北京：东方出版社，2007：128.

国内战时期三种主要的男性气质模式的状貌及其兴衰趋势,再现了以杰拉尔德为代表的勇武工匠式男性气质和以阿什礼为代表的文雅家长式男性气质的衰落,以及以瑞特为代表的自造男人式男性气质的生成和超越。杰拉尔德在美国南方战败和妻子死亡之后一蹶不振并且暗淡地死去,暴露了这种男性气质模式的一些缺陷——当然这些缺陷也有其个人因素,说明他所体现的这种勇武工匠式男性气质在新南方已经失去了用武之地,无法适应新的政治经济形势。同样,阿什礼所眷恋的旧南方贵族式生活方式也一去不复返了,他的落寞和消沉、面对困境的一筹莫展,说明了他所认同的这种绅士派头的文雅家长式男性气质已经在历史的巨浪中搁浅,缺乏适应性。相比之下,瑞特的灵活性、社会流动性及其在市场上的成功,不仅让他在动荡飘摇的历史时期走出重重困境,而且在危难关头帮助斯佳丽等人渡过难关,说明在他身上体现的自造男人式男性气质的社会适应性。在该作品结尾处,斯佳丽最终对阿什礼感到的失望和幻灭,并且义无反顾地回到瑞特的怀抱,隐喻性地表达了作者对阿什礼所代表的旧南方文雅家长式男性气质的抛弃以及对瑞特代表的更为灵活、更为兼容并蓄的新型男性气质的认同和肯定。

由于漫长的奴隶制和种族歧视体制,非裔美国男性气概一直处于被压抑和阉割的状态。因此,捍卫男性尊严、伸张男性气概是整个非裔美国黑人解放运动的重要组成部分,黑人男性气概也是非裔美国文学的一个重要的文学主题,经过一代一代非裔美国男性和女性作家的传承和拓展,对男性气概的反思与重构已经成为非裔美国文学中的一条明晰可见的线索、一个重要的书写传统,是洞悉人物心理困境、审视诸多矛盾冲突背后文化根源的重要出发点和突破口。同时,黑人男性气概与种族和阶级问题又有着密切的关联,对这一文化命题的书写也给作品带来很大的叙事张力,因而具有相当高的思想和美学价值,正如菲利普·奥格(Philip Auger)所言,"让许多非裔美国文学作品富有力量的关键是对性别意义上的'男性气概话语'(discourse of manhood)的利用,而不是仅仅对'人性话语'(discourse of humanity)的利用"①。由于笔者在《非裔美国文学中的男性气概研究》(2017)一书中已经对一些代表性的小说进行了一定深度的分析,本章第三和第四节将重点对两部非虚构作品——《黑人的负担》和《冰上的灵魂》进行研究。在这两部作品中,作者基伦斯和克利弗以现身说法的方式对美国黑人男性所遭受的欺辱及其男性气概所遭受的阉割进行了痛彻地再现,强烈地表达了美国黑人对男性气概的强烈诉求,同时也对自己在男性气概的错误认知和实践上进行了深刻的反思,堪称男性气概的宣言书和自白书。

第一节　法国 19 世纪的男性气质书写:《包法利夫人》

居斯塔夫·福楼拜(Gustave Flaubert)的世界文学名著《包法利夫人》(Madame Bovary,1856)是一部有着强烈性别意识的经典之作。它虽然是以女性命名,但更是一本书写男人的著作。男性人物不仅人数众多,而且每个男性形象都性格鲜明,并且都代表着某种类型的男人。但学界对这些男性缺乏足够的关注,已有的研究文献更多地围绕着包法利夫人爱玛的人生悲剧展开,主要从她的爱情观、社会环境、父权思想及其情爱对象的人格品质等几个方面对其悲剧根源进行探究。就爱玛先后邂逅的几个男性与其人生悲剧的关系而言,已有的研究主要集中在对爱玛情爱对象的人格与道德批判方面,却没有充分意识到,爱玛对男性气质的错误认知在其人生悲剧中扮演着重要角色。爱玛在男性气质价值取向和评判标准方面的认知误区让她认同了一种外在导向的男性特质,这让她背叛了平庸乏味却心地善良的丈夫,选择了徒有其表的浮浪子弟作为其情爱对象,最终不可避免地在肉欲的放纵与物欲的奢靡中走向堕落与毁灭。通过男性气质与包法利夫人的人生悲剧内在关联的详尽演绎,通过该时代男性群像和几个典型的男性形象的塑造,该作品对工业文明时期法国

---

① Auger, Philip. *Native Sons in No Man's Land:Rewriting Afro-American Manhood in the Novels of Baldwin,Walker,Wideman,and Gaines.* New York:Garland Publishing,Inc.,2000:3.

的男性气质状貌进行了深入细致的再现,不仅对该时代有着严重人格和道德缺陷的男性气质进行了反思和批判,而且通过对拉里维耶大夫等几个正面男性形象的塑造,以一种人文的眼光对西方现代男性气质理想进行了探寻和重构。

一、男性气质的错误认知:从包法利夫人悲剧的根源谈起

世界文学经典著作《包法利夫人》中女主人公爱玛的人生悲剧一直牵系着广大读者和批评家的心。关于爱玛悲剧根源的探讨可谓见仁见智,在运思方式上大体可以分为两大类。

第一类研究文献重在探究爱玛悲剧的主观因素,代表性的观点认为爱玛悲剧的主要根源在于其不切实际的情爱观、艺术情结以及对自己伦理身份的背离。比如,侯小珍认为爱玛的人生悲剧是其"追求偏激、虚荣的浪漫爱情生活"所致[1];周梦洁认为"爱玛对于爱情的执着让她沉迷于欲望中,沦为欲望的奴隶,最终导致了她的毁灭"[2]。另外,李雁劼从爱玛的艺术情结分析其悲剧的原因,认为爱玛的悲剧之所以在所难免,主要是因为"这种艺术情结背离了人物自身的生活真实"[3];吴佳佳从文学伦理批评的角度对爱玛的人生悲剧进行分析,认为"爱玛的伦理环境导致其未能正确认清自己的伦理身份,背离了伦理责任,同时爱玛缺乏对原始欲望的理性控制,其行为破坏了当时社会认同的伦理秩序,因而最终遭受惩罚、走向毁灭"[4]。这种分析都或多或少、直接或间接地触到了爱玛悲剧的一大根源。

第二类研究文献主要探究爱玛悲剧的客观因素,代表性的观点从爱玛所生存的社会环境和男权体制入手探讨其悲剧根源。总体来看,这一

---

[1]　侯小珍.性格决定命运:探析包法利夫人的悲剧根源.甘肃高师学报,2017(8):25.

[2]　周梦洁.爱玛的生死爱欲:用精神分析学分析《包法利夫人》.南昌教育学院学报,2017(2):17.

[3]　李雁劼.爱玛艺术情结透视:包法利夫人悲剧再探.西安外国语学院学报,2006(2):80.

[4]　吴佳佳.《包法利夫人》的文学伦理学解读.名作欣赏,2017(9):32.

类研究文献的观点还是有点笼统或者不够准确。把爱玛的悲剧归咎于社会环境,认为"爱玛的堕落并非都是其自身弱点造成的,而是其生活环境综合作用的结果,是社会之'恶'导致的结果"①,是不够准确的,而且也是不符合现实和逻辑的。可以说,古今中外,任何社会都有"恶"的存在,但这不是一个人走向堕落和毁灭的理由,更不意味着有恶人的存在我们就要经历爱玛式的人生悲剧。

事实也确实如此。在任何时代,无论生存处境多么艰难,总有很多女性以其独特的人格力量、美德和坚韧,实现了自己的人生价值,获得了自己的人生幸福。公允地讲,一方面,在那个时代,像爱玛这样的女性成千上万,生存境遇比她糟糕的也不在少数,但她们中的很多人也并没有因此就怨天尤人、自暴自弃,这一点是值得反思的。另一方面,把爱玛的人生悲剧归咎为男权社会体制,认为"爱玛是男性权威的牺牲品",认为"在强大的传统观念以及父权伦理面前,爱玛的思想自由以及精神向往完全被遏制,她试图解脱却又永远拜倒于现实之中"②,也是有点牵强的。从爱玛的生存环境来看,爱玛虽处于男权社会,但因为她的主要生存空间是在家中,因此她并没有直接受到外部世界的伤害和挤压。而且在家庭中她也没有受到丈夫的虐待和压迫,反倒是她经常在丈夫、婆婆和仆人面前颐指气使,蛮横专断。

另外,一些文献用女权主义思想为爱玛的行为辩护,认为"爱玛的许多要求是合理的,她身上的一些所谓'特质'实际是女性所共有的,体现着女性意识的觉醒"③。这种观点显然也有点牵强。从爱玛的人生诉求上看,她自始至终都不是一个自立自强的人,也没有走出家门、实现经济和人格独立的强烈诉求。至少在小说绝大部分章节中她没有在这方面表现出太大的渴望,也未因为自己没有工作而感到苦闷,虽然她也表现出一定

---

① 彭俞霞. 荫蔽的联袂演出:《包法利夫人》二线人物创作探微. 外国文学评论,2008
　　(1):149.

② 成程.《包法利夫人》的悲剧命运与女性主义建构. 湖北经济学院学报(人文社会
　　科学版),2016(8):114.

③ 尚玉峰.《包法利夫人》的女性主义解读. 中华女子学院山东分院学报,2008(5):61.

的身为女性的无力感。

从小说主体叙事结构上看,她的苦闷和困扰主要来自对丈夫的不满,认为后者窝囊、没出息、缺乏雄心壮志,而且不懂情爱,无法满足她的情爱需要,因而希望用婚外情的方式来填补这种缺憾。因此,爱玛悲剧的主观因素是不可忽略的,这一点已经得到了部分学者的关注。采用女权主义视角的学者更是强调了女性的自立自强、获得经济上的独立对女性走出困境、获得幸福的重要性,正如成程所说的那样,"女性要想实现女权主义,首先得有独立的经济能力,才能进而有独立的人格,并获得真正平等的爱情,从而实现女性的真正解放"①,这种观点显然是有一定道理的。任何时代,不管外部条件多么恶劣,女性都不能放弃个人的努力。因为不仅女性的整体解放和境遇的改善需要全体女性不断做出努力,而且女性个体幸福的获得也离不开女性自身的努力。即便在当今社会,如果女性不自立自强,以自己的勤劳和汗水赢取自己的独立,而是醉心于不劳而获的寄生虫生活,把个人的幸福寄托在男人身上,生命照样不会有所承载,缺乏生命的厚重感和价值实现感,就会感到空虚和无聊,爱玛式的悲剧照样会重演。

学界之所以有这样的观点,是因为在小说中爱玛对其所处的男权社会的确表达了一定的反抗意识,正如文中所说的那样:"她希望得一个儿子,他应当身体壮实,肤色黝黑,她要给他取名叫乔治。在她看来,得一个男孩,也可以为自己过去所受的种种限制出一口怨气。一个男人至少是自由的,他可以游历许多国家,经历种种爱情,能越过障碍,摘取到最遥远的幸福的果实。而女人则经常受到束缚,听从摆布,没有活力,在身体上是弱者,在法律上又处于从属地位,她的意志,就像她那用一根细绳子扣在帽上的面纱,碰到一点风都会摆动;经常会有某种欲望引诱她,而外界总有某种礼俗限制她。"②这段话是以爱玛的口吻说出的,但在此她显然是一个不可靠的叙述者。这些说辞可谓漏洞百出,在逻辑上也有点荒谬。

① 成程.《包法利夫人》的悲剧命运与女性主义建构.湖北经济学院学报(人文社会科学版),2016(8):115.
② 福楼拜.包法利夫人.张道真,译.上海:上海文艺出版社,2007:69.

　　她之所以羡慕男人，主要是她认为男人有"自由"，尤其是"经历种种爱情"、获取幸福快乐的自由。她没有意识到，世界上根本没有绝对的自由，多数男人在拥有这些自由的同时，也担负着重要的责任和义务。尤其是养家糊口的责任，更是社会赋予男性的伦理身份。而且爱玛虽然是家庭主妇，但她的行动自由并没有完全受到限制，否则她就没有结识男性的机会，更无法一而再再而三地陷入情网并且与情人频频约会。不无悖谬的是，恰恰是她拥有的太多自由让她走上了不归路。对于很多有理想、有抱负、内心充实而且有追求的人来说，自由意味着创造，是让自己不断走向完善和优秀的机缘和空间；而对于精神空虚、无所事事、行尸走肉的人而言，自由就是一种灾难，是空虚无聊和堕落的土壤。

　　另外，她羡慕男人，是因为男人强壮，男人意志坚强，男人在法律上有主导地位，男人不受礼俗限制。这些认识显然也是非常肤浅的。其实在爱玛的那个时代，随着工业文明的到来，男性在体力方面的优势已经逐渐丧失，男人的意志是否一定比女性强也并非定论，爱玛的丈夫夏尔·包法利就是个典型的例子。他在意志力方面的孱弱以及果断性的缺乏，甚至超过了很多女性。而且男人在法律和礼俗方面也未必就占主导地位，否则爱玛就不会对丈夫那么颐指气使、专断蛮横，她所做的种种荒唐事也会受到谴责和惩罚。

　　因此，那种高举女性或女权主义的大旗，为她的种种人格与道德问题寻找托词，甚至认为"爱玛的闪亮之处就在于她具有自由意识、反抗意识"，在于她"敢于打破传统道德规范，甚至违背法律"，而"她的这种叛逆精神体现出了社会的发展，时代的进步"[①]，是不足取的。这不但是对小说原著的一种误读，而且也在无形中宣扬了一种错误的而且被实践证明是失败的思想观念，对读者具有相当大的误导性。爱玛的这种以自我为中心的、没有道德含量、缺乏责任担当意识、没有承载的自由观和幸福观，不但不能体现"社会的发展"和"时代的进步"，在很大程度上也是对男权

---

① 陈立乾.男权体制下的牺牲品：《包法利夫人》中艾玛人生悲剧解读.前沿，2011（24）：200.

思想和体制的认同和遵从,与女权主义中的进步思想是大相异趣的。

另有学者从美学的角度认为爱玛一系列思想和行为所体现的是一种"能动意识"、一种"激情",认为爱玛寻找情人的动机是"一种进取的欲望,一种追求理想生活的超越行为",认为爱玛"追逐情人的本质是在寻求自我理想的实现",从而认为由这种动机所驱使的行为"体现出的对现实不满的抗争和反叛,是值得肯定的"。① 这种观点同样值得商榷。这种没有道德含量和生命承载的"美学"显然是一种颓废的美学、病态的美学,是一种对主体努力的放逐,是缺乏生命力和现实基础的。

真正的进取是通过自身的工作和劳动,通过自己对责任的担当,实现自己的价值,改变自己的处境,而不是对一种不劳而获的、寄生虫般的生活的向往,真正的进取绝对不是把自己幸福的获得建立在对他人依靠的基础之上。因为无论如何,把一种明显是堕落腐朽的、缺乏美德和责任感的人格与行为美化成社会发展和时代进步的表现是非常荒谬的,是一种是非不清、黑白颠倒的做法,这样简单的思维模式是非常有害的。

既然爱玛的悲剧与她接触的几个男人有着直接或间接的关系,男性视角也必然是爱玛人生悲剧根源探究的一个重要维度。在这方面,已有的几篇相关的研究文献更多地集中在该作品中男性形象的人格和道德缺陷方面。朱茜认为以爱玛丈夫为典型的平庸男人形象是造成她爱情幻想破灭的主要原因②;董岳州认为鲁尔道夫的残忍无情是爱玛自杀的一个重要原因。而夏尔虽然诚实、善良,但因为他"不善于表达,缺乏激情,比较平庸,所以无法满足爱玛的虚荣心和浪漫的情感"③,这样就给了鲁道尔夫和莱昂之流以可乘之机。在《从〈包法利夫人〉看福楼拜的男性世界》(2014)一文中,作者王琼首先对福楼拜笔下的男性人物群像的人格与道德特征做了一个概括,认为他们"大多是平庸、无能,甚至是无情、虚伪、奸

① 褚蓓娟.激情·理想·超越:浅析包法利夫人及其相似性格类型的悲剧原因.台州师专学报,1998(2):30.

② 朱茜.论《包法利夫人》悲剧的必然性.北方文学(下旬),2017(6):85.

③ 董岳州.《苔丝》与《包法利夫人》中男性人物形象对比分析.绥化学院学报,2011(12):121.

诈之辈"①,然后认为"是郝麦的砒霜,是罗道耳弗和赖昂的残忍无情,是勒乐的步步紧逼,是包法利的无能平庸,更是福楼拜自己,促成了爱玛生命的陨落"②。的确,这几个男性都与爱玛的人生悲剧有或多或少、直接或间接的关联,这些男性也的确乏善可陈,学者们对他们进行一定人格与道德的批判也是正当的、合理的。这种观点夸大了爱玛悲剧的客观因素,忽略了爱玛人生悲剧的内因。

就爱玛的人生悲剧的责任构成来看,她所接触的这些男性肯定负有相当大的责任。他们引诱爱玛出轨并且使其进入婚外情的漩涡,引诱爱玛陷入肉欲的深渊,引诱爱玛在物欲的放纵中不能自拔,从而让她陷入绝境,在她深陷绝境之际又没有向她伸出援助之手。所有这些都应当受到道德谴责,这是毋庸置疑的。但他们的责任主要还是外因,她一步步走向堕落和毁灭的结局,终究还是她自己选择的结果。从她的情爱经历来看,虽然她所处的是男权社会,但她与鲁道尔夫和莱昂的性关系都不是被强迫的。从她的两个情人来看,无论鲁道尔夫还是莱昂,都没有用武力逼迫爱玛就范,很大程度上爱玛是自愿的。爱玛与他们的交往除了在情感上的不对等和错位外,在政治、法律、社会权益上,都是对等的,没有出现爱玛被虐待和压制的现象。

就从被引诱的角度来看,所谓"苍蝇不叮无缝的鸡蛋",鲁道尔夫和莱昂之所以选中了她,很大程度上也有她的暗示成分,是他们看到了她的渴望。比如鲁道尔夫,第一次遇到爱玛就感觉到"她准是在渴望爱情,像案板上的鱼在渴望水一样! 只要我说上三两句挑逗的话,她准会爱上我,我敢肯定!"③总体来看,爱玛在她的情爱关系中,始终占据着相当大的主动地位,她与情人们的性关系也并非被强迫的。当她和鲁道尔夫确定了情人关系后,她无比兴奋地说:"我有情人了! 我有情人了!"④其偷情的欲念和渴望可谓跃然纸上。

① 王琼.从《包法利夫人》看福楼拜的男性世界.台州学院学报,2014(1):20.

② 王琼.从《包法利夫人》看福楼拜的男性世界.台州学院学报,2014(1):25.

③ 福楼拜.包法利夫人.张道真,译.上海:上海文艺出版社,2007:103.

④ 福楼拜.包法利夫人.张道真,译.上海:上海文艺出版社,2007:129.

在社会习俗和舆论方面,她与两个情人的通奸比较隐蔽,并没有大白于天下,即便是丈夫夏尔也是在她死后才从她与情人之间的书信中获悉这些的。虽然小镇上也有些风言风语,但基本上没有对她造成心理影响,更何况面对可能的舆论压力和道德谴责,她表现得比两个情人都更满不在乎。也就是说,爱玛的死亡不是外在舆论谴责和逼迫的结果,并非因为她受到了什么道德或法律的惩罚。因此,说爱玛是男权社会的牺牲品是不准确的,笼统地用男权或女权的老套思维去分析爱玛的人生悲剧更是不得要领,反而会转移视线,误导读者,看不到爱玛人生悲剧的实质。

研究发现,除了上述方面之外,爱玛在爱情旅途上的挫败以及最终的人生悲剧,与其对男性气质的认知误区有着内在关联。虽然爱玛悲剧的直接根源是其最后非理性消费的债台高筑所致,但她接二连三地投入浮浪子弟的怀抱,结果每段情爱关系都沦为赤裸裸的肉欲并滑向物欲的深渊,却是最终导致她走向不归路的重要环节。显然,爱玛的人生悲剧在很大程度上与其对情爱对象的错误选择有着直接关系,而其对情爱对象的错误选择又与她对男性气质在价值取向和评判标准方面的认知误区是密不可分的。

不可否认,与大多数女性一样,爱玛对男性气质非常看重。对于爱玛而言,男人是否具有男性气质是其对他是否尊敬和爱慕的主要条件,甚至是决定性因素。她之所以对丈夫夏尔不满甚至充满鄙视,其中一个重要原因就是她认为对方缺乏男性气概。当她得知依伏多的一位医生在病人床前当着病人家属的面,说了些羞辱夏尔的话时,"她非常生气,大骂这位同行"[①]。她这种气愤并非为丈夫抱不平,而是为丈夫没有及时伸张和捍卫其男性气概而"感到羞辱",觉得他丢了自己的脸,为自己嫁给"这种没有出息的人"而感到羞辱,甚至"恨不得打他一巴掌"[②],可见其对男性气质的重视到了何种程度。

然而,爱玛没有意识到,她在男性气质的认知方面存在着严重的问

①　福楼拜.包法利夫人.张道真,译.上海:上海文艺出版社,2007:49.
②　福楼拜.包法利夫人.张道真,译.上海:上海文艺出版社,2007:49.

题,在价值取向和评判标准方面具有严重的外在性。对男性气质体系中内在精神品质和美德内核的漠视,让爱玛过度看重男性的体貌、风度、服饰、语言等外在因素,并以此为准绳来衡量和选择她的情爱对象,这让她厌恶和背弃了平庸乏味却心地善良的丈夫,选择了巧言令色、徒有其表、缺乏灵魂深度和道德人格的浮浪子弟,最终不可避免地在肉欲的放纵与物欲的奢靡中走向堕落与毁灭。

一方面,爱玛以成败论英雄,主要以成功与否来评判男性气质的有无,有很强的功利性。在小说中,爱玛之所以轻信了沽名钓誉的药剂师鄂梅的蛊惑之辞,不计后果地劝说丈夫给伊波里特做整足手术,正是受了这种男性气质价值取向的驱动,过度看重男性事业上的成功在男性气质中的权重:"如果能让他进行这样一件名利双收的事,她会多么称心!她要求的不过是找到一样比爱情更实在的东西来支持自己。"①小说中交代,此时的爱玛与情人鲁道尔夫的感情已经变得平淡。她希望结束与鲁道尔夫的婚外情,专心爱自己的丈夫,然而平庸而缺乏男性气质的夏尔只能让她感到厌烦。她之所以如此不顾后果地劝说丈夫夏尔施行这次整足手术,是希望夏尔通过手术的成功证明其男性气质,好让自己对他重燃爱慕之情。

同时她也希望夏尔能够凭借这次手术的成功而名扬天下,这样她的名字就可以和丈夫的名字一起见诸报端,从而让她的虚荣心得到满足。爱玛没有意识到,其在男性气质的认知方面存在着严重的成功导向外,还秉承了一种"夫贵妻荣"的传统父权思想,而这种观念本身就是"一个以女性依附男性、以男性的成功为核心与目标的价值体系,是一个并非建立在两性平等与尊重之上的价值体系"②。这种错误导向不仅让她无法以一种平常心看待她的丈夫,无法与后者形成一种平等友善、相互尊重的夫妻关系,而且也不利于她自身素养的提高和人格的完善。

平庸而又缺乏主见的夏尔在众人的撺掇之下给伊波里特的畸形脚做

---

① 福楼拜.包法利夫人.张道真,译.上海:上海文艺出版社,2007:138-139.
② 张晨阳.当代中国大众传媒中的性别图景.北京:中国传媒大学出版社,2010:153.

了手术,结果失败,导致腿部腐烂,不得不把伊波里特的腿锯掉。这不仅给伊波里特带来了无限痛苦,而且直接导致了后者的伤残,同时也让夏尔陷入了极度的沮丧、懊悔和恐惧之中。而爱玛并没有为自己在这一惨剧中所扮演的角色感到内疚,而是觉得自己受到了莫大的羞辱:"爱玛在他对面坐着瞧他。她不是在分担他的羞辱,她是在想自己受到的羞辱:她竟然会异想天开,以为这样一个人会有出息,就仿佛她没有一再看透他是一个废物似的!"①说一个男人没出息,是个废物,实际上就等于直接否定了他的价值和尊严。在此,爱玛用这种最尖刻、最具贬低性的语言宣告了夏尔男性气概的缺失,表达了对夏尔的绝望和鄙视。夫贵妻荣的梦想彻底幻灭,虚荣心遭到了致命的打击,这是她气急败坏的主要原因。结果,出于对夏尔的绝望和报复心理,爱玛重新回到了鲁道尔夫的怀抱。

另一方面,爱玛过度关注男性的外在形象,只关注男性气质的外表,而忽视男性气质的内在,过多地关注肉体,而忽略灵魂。这也是她在情爱对象的选择方面总是遇人不淑、一再投入平庸低俗的浮浪子弟怀抱并逐渐走向堕落和毁灭的主要原因。在与男性交往的过程中,爱玛经常被男人的服饰、香水、胡须、发式、日常用品吸引,甚至为之心荡神迷,但对男性的内心世界和人格品质却漠不关心。这一倾向从她对第一个心仪对象——让她心荡神迷却无缘结识的子爵的情感中就已经初见端倪。子爵是爱玛在一次舞会上遇到的一个贵族子弟。在小说中,他留给读者的仅仅是一点飘忽零碎的印象,读者只知道他是一个被大家亲昵地称作子爵的男客,再就是他高超的舞技。爱玛其实并不知道他姓甚名谁,不知道他的学识和思想,更不知道他的为人和修养,仅凭一面之缘,仅凭他翩翩的风度和高超的舞技就对他魂牵梦萦、无法割舍。

从爱玛对子爵的关注点来看,爱玛目之所及的是对方紧贴在胸上的敞口背心,心之所向的是对方翩翩的风度、高超的舞技和儒雅的气质。子爵就凭这几点就让她心荡神摇,不能自已,当"两人的目光碰上"时,"她感

---

① 福楼拜.包法利夫人.张道真,译.上海:上海文艺出版社,2007:146.

到一阵眩晕"。① 需要说明的是,该作品之所以没有对子爵这一男性形象进行过多的描述,是因为在这之前已经对包括子爵在内的这类男性群像进行了详尽的描述。

从这些描述中,读者可以从侧面了解到,让爱玛魂牵梦绕的子爵其实无非是那些衣着考究、养尊处优、抹着高级头油、散发着怡人的香水味、皮肤白皙、温和的举止中隐含着粗暴、玩纯种马、善于追逐浪荡女人的男性中的一员而已。而这样一名男性却让爱玛魂牵梦绕,甚至让她害上了相思病。可见,让爱玛心动和无比崇敬的,其实无非是子爵这类男人的外在男性气质而已,而非他们的内在精神和灵魂。而且子爵这种男性形象及其代表的男性气质,一下子成了爱玛之后情爱对象的选择标准,成了帮助她在茫茫人海中辨识和发现理想异性的光照:"这个以他为中心的圈子慢慢扩大,原来集中照在他身上的光环逐渐扩散开来,离开了他,照亮她梦中世界的其他地方。"②而她的第一个情人鲁道尔夫在一定意义上就是在这种"光环"下的显形,是这种男性气质的化身。

在一次隆重的农业评比会上,就在参事勒万对国家的大好形势、农业的伟大和个体的道德和责任等"宏大叙事"进行慷慨激昂的演讲时,情场老手鲁道尔夫开始了对爱玛的引诱计划。有趣的是,他在爱情、道德和责任等方面的高论似乎都没有引起爱玛多大的共鸣,也没有煽起她的激情。对爱玛起到强烈的催情效果、让她开始对他有好感的,倒是"使他头发发亮的头油的香味",让她"陷入一种软绵绵的感觉"。也就在此时,"她回想起来俄毕萨尔让她跳华尔兹的子爵,他的胡须,也和鲁道尔夫的头发一样,散发出香兰和柠檬的味道"③。正是这种味道带来的"怡人的感觉"把爱玛的欲望勾引出来:"这种怡人的感觉一直渗透到她旧日的欲望中去,这些欲望就像被风刮起的沙子,在这流动在她灵魂上空的神奇的香味中旋转。"④正是这种香水的味道让鲁道尔夫之后的煽情语言有了更大的效

---

① 福楼拜.包法利夫人.张道真,译.上海:上海文艺出版社,2007:42.
② 福楼拜.包法利夫人.张道真,译.上海:上海文艺出版社,2007:26.
③ 福楼拜.包法利夫人.张道真,译.上海:上海文艺出版社,2007:116.
④ 福楼拜.包法利夫人.张道真,译.上海:上海文艺出版社,2007:116.

果,他的大胆动作也没有遭到她的拒斥。很快,"强烈的欲望使他们干涩的嘴唇微微颤动;他们的手指懒懒地毫不费事地就绞在一起了"①。

　　在爱玛给鲁道尔夫的镀银的马鞭、刻着"爱结同心"的图章、当围脖使用的披巾和雪茄烟匣这四样礼物中,镀银的马鞭和雪茄烟匣两样礼物明显地寄托着她对子爵的情思。细心的读者会发现,在此之前,子爵除了在舞会上以出尽风头的翩翩舞者的形象出现外,另一次则是舞会之后以骑手的形象在爱玛面前奔驰而过。所以爱玛给情人鲁道尔夫买的镀银马鞭,在一定意义上体现了她对子爵的骑手这一形象以及这一形象所传递出来的男性气质的认同和崇拜之情,因为马鞭是一个骑手的重要标志,是彰显骑手男性气质的主要道具和符号。而她给鲁道尔夫买的雪茄烟匣与她认为是子爵用过的那只雪茄烟匣完全一样,更是代表了她对子爵的眷恋。小说中交代,舞会之后,夏尔在包括子爵等几个嘴里衔着雪茄的男子骑马疾驰而过的路上捡起了一个雪茄烟匣,爱玛就理所当然地认定这是子爵用过的烟匣,把它带回了家,并且经常拿出来把玩。于是这只烟匣也就似乎成了子爵给她的定情信物,引发了她对子爵爱情生活的无限遐想,寄托着她对子爵的相思之情。

　　总之,无论马鞭还是雪茄烟匣,都是典型的男性用品,都是男性气质的一种符号或道具,而且还应当是支配性男性气质的符号和用具。爱玛在家庭经济极度拮据的情况下给鲁道尔夫买了这些礼物,而且不顾鲁道尔夫的反对把这些礼物强加给他,说明子爵的男性气质对她的影响之深,说明她执意要以子爵的标准来打造鲁道尔夫的男性形象,建构鲁道尔夫的男性气质。然而在爱玛参与建构的这种男性气质中,读者似乎看不到爱玛对男性内在精神品质有多少关注,她仅仅停留在对外在服饰、香水的气味和仪表等浅表层次。在鲁道尔夫与爱玛第一次正式约会时,"当他穿着宽大的丝绒外衣和白针织马裤在楼梯口出现时,他的仪表的确给了爱玛很好的印象"②。

　　可见,爱玛忽略了对其情爱对象内在精神品质的考量和评价,仅仅被

---

① 　福楼拜.包法利夫人.张道真,译.上海:上海文艺出版社,2007:118.
② 　福楼拜.包法利夫人.张道真,译.上海:上海文艺出版社,2007:125.

他们的外在男性气质迷醉,选择了徒有其表却无内在品格的男性作为情人,这不仅不利于自己心智和思想境界的提升,反而让她变得愈发低俗和浅薄,甚至丧失了自己的主体性和人格尊严,正如她忘情地对鲁道尔夫所说的那样:"比我漂亮的女人是有的,可是我最懂得爱你! 我是你的使女,你的侍妾! 你是我的王爷,我的天神!"①

正所谓近朱者赤近墨者黑,"和优秀的人交往,自然会从中汲取营养,让自己得到长足的发展,相反,假如与恶人为伴,那么自己肯定会遭殃"②。鲁道尔夫的良知和道德感的缺失注定了他不会给爱玛带来思想和心灵上的丰富和提升,不会让她的人格变得更完善,只能诱导后者滑向肉欲和低俗。不知不觉中,她被她盲目崇拜的"王爷"和"天神"改变了,不是变得品格高尚,而是逐渐走向低俗和堕落:"完全由于这种爱情方式的影响,包法利夫人的作风改变了。她的目光变得大胆了些,她讲话更随便了,她甚至毫不在乎地嘴里衔根烟和鲁道尔夫在一起散步,就仿佛故意表示对人们的蔑视似的。"③然而事与愿违的是,与鲁道尔夫之流的男性在一起的情爱生活不但没有给她的心灵带来滋养,后者对她的抛弃还让她大病一场,严重影响了她的身体健康,差点让她死于非命。

与鲁道尔夫的情爱关系了结之后,爱玛又投入了另一个浮浪子弟莱昂的怀抱。爱玛之所以爱上莱昂,同样是被其外表迷惑,并非因为对方有多么突出的才智和人格品性。在相貌气质方面,如果她爱上鲁道尔夫是被后者表现出来的支配性男性气质吸引或征服的话,她爱上莱昂则是被后者身上的一种阴柔的气质打动。虽然莱昂的性格气质与鲁道尔夫有所不同,但与鲁道尔夫相同的是,他同样是个没有灵魂的空心人,除了满足她情欲方面的需求外,莱昂同样无法给她带来任何思想、智识和德性方面的提升,其精神世界依然处于极度贫乏的状态。

在这种情况下,她唯一能够感受到的就是幻灭:"没有东西值得追求,一切都是虚幻! 每一个笑容后面都掩藏着厌倦,每一回高兴里都潜伏着

① 福楼拜.包法利夫人.张道真,译.上海:上海文艺出版社,2007:152.
② 斯迈尔斯.品格的力量.柏雅,译.北京:时事出版社,2014:50.
③ 福楼拜.包法利夫人.张道真,译.上海:上海文艺出版社,2007:152.

不祥的预兆，一切欢乐都会变成厌倦，最甜美的吻也只是在唇上留下一个向往更大快乐却又无法实现的欲望。"①由于缺乏精神内核与灵魂深度，爱玛和莱昂的情爱关系很快就变得无聊和乏味。

最后，肉欲的狂欢就成了维系他们情爱关系的纽带，而且让她更加放荡不羁，正如她在一次约会中所表现的那样，"她粗野地把衣服脱下，那束腰细带，像滑动着的水蛇盘在臀上，她一下扯开。她踮着赤裸的脚，到门边再一次察看门关严了没有，然后猛然一下把全部衣服都脱得精光"②。然而，这种上了瘾般的肉欲并没有给她带来真正的快乐和满足，而是让她更加空虚和无聊。对此，她深感困惑："为什么她生活里老得不到满足，依靠在什么上面什么就马上垮掉？"③这显然只是一种自发的感受，还没有上升到一种理性和自觉的反思。

她也没有意识到，她之所以总是遇人不淑，正是因为她在男性气质的价值取向和评判标准方面出现了严重的问题。只要她继续秉承这种外在的价值取向和评判标准，即便不是鲁道尔夫和莱昂，她也会投入其他浮浪子弟的怀抱，而这些男性是无法真正给她带来精神和心灵的满足的，也无法给她带来人格和道德素养的提升，而没有精神内核和灵魂特质的情爱关系也必然是麻木和空虚的，不会给人带来真正的愉悦和满足。

另外，由于对内在美德与精神品质的忽略，爱玛对男性气质的认知也仅仅停留在技术和能力层面，在情爱对象的选择上过度看重男性的头衔、名望和地位，变得徒慕荣华，变得非常实用主义和功利。由于丧失了平常心，她对男性的要求也变得愈发苛刻，认为一个男人"什么都懂得，在各方面都是能手，能让你领略爱情的力量、人生的美好和各种神秘东西"④。其实她没有意识到，一个男性不可能在各个方面都是完美无缺的，"人们对于至少某种美德的践行要远远超过对于其他美德的践行，甚至会以牺牲后者作为

---

① 福楼拜.包法利夫人.张道真,译.上海：上海文艺出版社,2007：227.
② 福楼拜.包法利夫人.张道真,译.上海：上海文艺出版社,2007：226.
③ 福楼拜.包法利夫人.张道真,译.上海：上海文艺出版社,2007：227.
④ 福楼拜.包法利夫人.张道真,译.上海：上海文艺出版社,2007：33.

代价"①。她更没有意识到,她对男性的苛刻而多面的要求背后是一种惰性和依赖心理,是对自我完善意识的放弃,是对男权思想的遵从。

受这种男性气质观念的影响,爱玛不但背弃了虽然乏味却心地善良的丈夫,选择了徒有其表的纨绔子弟作为其情爱对象,而且她看不到鲁道尔夫和莱昂灵魂的空虚和人格的卑琐,把他们的巧言令色和轻薄虚伪看成了优点,结果让自己一再被腐蚀和误导,最终从肉欲坠入物欲的深渊。由此观之,爱玛所认同的男性气质根本没有多少超越性可言,去掉了那些浪漫的外衣,其本质就是19世纪中期资本主义兴起之际法国主流社会的男性气质。她实际上就是按照该男性气质价值取向和评判标准来遴选她的情爱对象。正是通过对爱玛人生悲剧与这种男性气质内在关联的再现,该作品开始了对这种男性气质的反思。

二、19世纪法国男性气质的全景图

以上分析论证让我们从爱玛的角度,尤其是从其人生悲剧的根源上认识到这种男性气质的危害性,但若要了解这种男性气质的思想本质,还要对小说中的几个重要男性形象进行正面分析。作为男性气质书写的一个典型之作,该小说不仅有对该时代支配性男性气质群像式的再现,而且还有对代表性人物的典型刻画;既有整体性概述,也有不同类型的表述,比较清晰地勾画出该时代的男性气质图景。另外,该小说所再现的男性气质具有相当强的时代性和阶级性,与处在转型期的法国社会科技与商业的发展有着密切关联,与该时代的文化价值观与道德风尚有着密切关联,有着相当强的历史性和文化性,为我们多维度地审视和考量该时代的男性气质提供了宝贵材料。所有这些,都可以通过不同人物形象的分析得以展现。

第一类值得我们关注的是以子爵为代表的这一类男性形象。正如在上文提到的那样,子爵给读者留下的是几个稍纵即逝的印象。但在整部作品中,子爵似乎为爱玛在男性气质方面确定了一个模板,而且他像个幽灵,

---

① 赫斯特豪斯.美德伦理学.李义天,译.南京:译林出版社,2016:241.

左右着爱玛对男性的审美趣味,影响着爱玛对情爱对象的选择。他其实代表了法国 19 世纪上流社会的支配性男性气质,爱玛对他的无限爱慕和崇敬其实在很大意义上就是对其所处社会主流男性气质的认同和遵从。在该小说中,作者不吝笔墨,对该时代的支配性男性气质状貌进行了细致的再现:

> 他们的衣服缝工分外考究,衣料也像格外柔软;一圈圈头发,贴近太阳穴,亮光光的,抹了更高级的头油。他们的肤色是阔人的肤色,白白的,显然是饮食讲究,善于摄生的结果,衬着细瓷器皿的光泽、缎子的闪光和精致家具的漆色,显得更加白皙。他们的硬领比较矮,脖子可以随意转动;长长的胡子垂在往下翻的领口上;他们擦嘴的手绢上面绣着他们的姓名的缩写,散发出一种怡人的香味。那些开始老起来的人还带着青年的神态,而年轻人脸上又显得相当老成。他们的目光、表情淡漠,流露出情欲经常得到满足的人那种安详自若的神情。他们举止温和,但里面隐含着一种特殊的粗暴,表现为对一些较易驾驭东西的控制;他们玩纯种马,追逐浪荡女人,从中施展自己的威力,满足自己的虚荣。[①]

这些男性就是爱玛在俄毕萨尔侯爵的府邸参加舞会时遇到的包括子爵在内的一批年纪在二十到四十不等的男性。他们的这些特征都是通过爱玛的观察并且以一种欣赏和艳羡的口吻描述出来的,在一定程度上体现了爱玛对其所处时代男性气质的认同。通过这些男性群像的描写,该小说对这种男性气质从服饰到体貌发肤,再到气质神态进行了全景式的再现。

　　显然,这是西方、中产阶级、异性恋男性所践行的一种男性气质,也是西方主流社会奉行的支配性男性气质模式。根据欧文·高夫曼(Erving

---

① 　福楼拜.包法利夫人.张道真,译.上海:上海文艺出版社,2007:41.

Goffman)的研究,在美国,只有"年轻、已婚、白人、都市、北方、异性恋、信仰新教、有父亲身份、受过大学教育、有一份全职工作、肤色健康、体重标准、身材高大并且最新体育赛绩良好"①的男性是可以不必为自己的男性身份感到羞愧的。在西方社会,异性恋的中产阶级白人所践行的男性气质往往是主流社会的主导性男性气质或者是康奈尔所说的那种支配性男性气质,而这种男性气质的主要特征就是"对权力、统治和控制的追逐"②,这些特质在对上述法国男性的群体描述中也得到了集中体现。

从穿着打扮来看,这些男性衣服缝工考究,衣料柔软,手绢上还洒过香水。他们的发式同样一丝不苟,而且还抹着高级头油。看得出,这些男性可以说脂粉气十足,缺乏男人的粗犷豪放之气,更是毫无男性气概可言。从这些男性的发肤体貌来看,他们的皮肤细嫩白皙,女性化十足,其男性气质更多地体现在他们长长的胡子上面。可以看出,这些男性来自上层社会,平时过的是一种养尊处优的生活,没有体尝过多少辛劳和磨难。从他们的气质和神态来看,这些男性显然受过上层社会的文化熏陶,保持着所属阶层的风度,尽量在年轻活力和老练持重方面保持一种平衡,确保其在女性面前的男人魅力。

而且他们显然也受到西方主流社会男性气质规范的影响,尽量表现出一种冷漠、无动于衷、不动声色、安详自若、不为情欲所困的神态,以及一切都尽在掌控之中的自信和超脱。然而,所有这些外在的包装并不能掩盖他们内在人格与道德品质方面的空洞和阴暗。该小说在这段男性群像描述的结尾处揭露了他们温和外表下的暴力倾向、他们对世界的掌控欲与权力欲、他们的权威意识和虚荣心。不无讽刺的是,他们的这种权威意识和虚荣心不是在建功立业中得到实现的,而是通过玩纯种马和追逐浪荡女人的方式得以满足的。可以说,西方现代男性气质的主要特征在这些男性身上已经初见端倪。对这种男性气质,该小说体现出了相当强

---

① Goffman, Erving. *Stigma*: *Notes on the Management of Spoiled Identity*. Englewood Cliffs: Prentice-Hall, 1963: 128.

② Kimmel, Michael S. *Manhood in America*: *A Cultural History*. New York: Oxford University Press, 2006: 4.

的讽刺和批判态度。

　　第二类是以爱玛的第一个情人——余谢特庄园的主人鲁道尔夫为代表的男性形象。与前面提到的上层社会公子哥们相比,鲁道尔夫在穿着打扮方面没那么考究,甚至有点土气。比如,在农业评比会上,小说对鲁道尔夫有着如下描述:"他的穿着是很不协调的,有的部分很普通,有的部分又特别考究,在一般人看来,会觉得这表现出生活的放荡不羁、情绪的起伏不定、艺术的不良影响和对社会习俗的蔑视;对于这种穿着,有的人会觉得很有趣,有的人会感到气愤。"①与前面在穿着方面一丝不苟的贵族子弟相比,鲁道尔夫确实显得有点不伦不类,甚至有点滑稽可笑,但这与他的阶级身份是非常相符的。从阶级身份来讲,鲁道尔夫恰恰处于上层社会与普通民众中间的阶层,勉强算是一个中产阶级。所以,他一方面有公子哥的某些习性,在穿着打扮方面也有附庸风雅的一面,似乎是子爵的"替身"或"影子人物"(double),这也是让爱玛对之心荡神摇的重要因素。

　　正如上文提及的那样,爱玛的心之所以很快就被鲁道尔夫俘获,一个重要的原因就是他的头发所散发出来的香兰和柠檬的味道与子爵胡须散发出来的味道非常接近,引起了她对子爵的美好回忆以及内心深处的欲望。他们在性格气质方面也有些相近的地方,那就是鲁道尔夫同样具有冷酷的一面,甚至比子爵这个阶层的人有过之而无不及。该小说用白描的手法对鲁道尔夫的本性做了一针见血的再现:"鲁道尔夫·布朗杰先生有三十四岁,心地凶狠,脑子灵活。"②另外,与上述贵族公子哥相似,鲁道尔夫同样擅长追逐女人并且在征服女人的过程中感受权威和虚荣,并且有过之而无不及,可以说是一个典型的情场老手或者玩弄女性的人(womanizer)。正如小说所说的那样,鲁道尔夫"接触过不少女人,对她们很了解"③。可以说,他在追逐和玩弄女性方面的种种表现,恰恰是上述贵族公子哥"追逐浪荡女人,从中施展自己的威力,满足自己的虚荣"的具

---

① 福楼拜.包法利夫人.张道真,译.上海:上海文艺出版社,2007:109.

② 福楼拜.包法利夫人.张道真,译.上海:上海文艺出版社,2007:103.

③ 福楼拜.包法利夫人.张道真,译.上海:上海文艺出版社,2007:103.

体写照,共同体现了该时代男性气质的这种浮华而缺乏内涵的特性。

与这些贵族公子哥的温文尔雅和比较收敛节制有所不同的是,鲁道尔夫在追逐和玩弄女性方面更为大胆和无耻,正如该小说对鲁道尔夫的评价那样,"他是一个视羞耻心为拘束的人"①。这一点在他与爱玛的情爱关系中得到了充分体现。对于鲁道尔夫而言,在他心目中爱玛无非是另一个猎艳对象而已,他对爱玛毫无真爱可言,并且在打算引诱她的同时已经在考虑将来怎样甩掉她了。这也为爱玛后来被他玩弄乃至抛弃的悲剧命运埋下了种子。把她勾引到手之后,随着对爱玛新鲜感的消失,他对爱玛开始变得不耐烦起来,她对他说的浓情蜜意的话只让他感到厌烦,因为"这些话他听得太多了,他不感觉里面有任何新鲜东西"②。他在把她勾引到手并且对之有点腻烦之际,就开始"随意对待她,把她变成了一个任人摆弄毫无廉耻的人"③。

另外,与贵族公子哥在体貌方面有所不同的是,作为一个农场主,鲁道尔夫还有其健硕强壮的一面:"他头上乌黑的秀发,在前面卷成一圈搭在晒黑的额角上,他的身子壮实而又健美,他看事情那样有经验,弄情时感情是那样猛烈。"④这一点也是爱玛对他欣赏和倾慕的一个重要层面,正如她反复强调的那样:"你善良!　你漂亮!　你聪明!　你健壮!"⑤总之,鲁道尔夫身上体现了法国19世纪中期男性气质的身体维度和性征服层面。但与那些贵族公子哥一样,除了这些外在特性之外,在鲁道尔夫身上读者看不到多少内在道德与人格品质。

第三类是以莱昂为代表的城市科层制下的科员形象。他与鲁道尔夫在情欲的追求方面有些共性,但在身份、性情等方面有着很大的分野。如果说鲁道尔夫具有的是一种传统农业地主阶层的男性气质,并且还多少带有一点传统男性气质的血性和勇猛的话,作为城市公证部门的一个科

---

① 福楼拜. 包法利夫人. 张道真,译. 上海:上海文艺出版社,2007:152.
② 福楼拜. 包法利夫人. 张道真,译. 上海:上海文艺出版社,2007:152.
③ 福楼拜. 包法利夫人. 张道真,译. 上海:上海文艺出版社,2007:152.
④ 福楼拜. 包法利夫人. 张道真,译. 上海:上海文艺出版社,2007:149.
⑤ 福楼拜. 包法利夫人. 张道真,译. 上海:上海文艺出版社,2007:152.

员,爱玛的第二个情人莱昂在一定程度上体现了现代科层制下机关单位白领的男性气质。与鲁道尔夫外表的阳刚之气以及在女性面前的直接、大胆和肆无忌惮有所不同的是,莱昂从外表到内心都显得更为平庸、孱弱和怯懦:"他孱弱、平庸,做不出惊人之举,比女人还优柔,此外,还贪婪、怯懦。"①然而,与鲁道尔夫并无二致的是,他同样是个心术不正、心怀叵测的家伙,对女性同样具有强烈的控制欲和占有欲,因而同样具有支配性男性气质的特点。然而莱昂这一人物形象体现出来的男性气质也并非生来如此并且一成不变,而是经历了一个蜕变历程。

在该小说中,作为实习生的莱昂显然不具备鲁道尔夫的支配性男性气质,充其量只具备从属性男性气质,这种男性气质的主要特征是"性格平和而不暴烈、柔顺而没有支配性"②。莱昂"一向怯懦,不大多说话,这一半由于羞涩,一半也是故意装出来的"③。他就是用这种外在表现赢得了人们的好感,使人们认为他性情温和、作风正派。从其穿着打扮和爱好来看,莱昂更无多少阳刚之气可言:"他的燕尾服上有一副黑丝绒领子,他梳得很整齐的棕发搭在上头。她又看到他的指甲,比永维一般人的留得都长些。修剪指甲是这位见习生的重要消遣,为此他写字台里还放了一把特别的小刀。"④

如果说做实习生的莱昂还有几分青涩和单纯、对爱玛还处于有贼心没贼胆的心理阶段的话,三年后学完法律归来并且被其他男性"熏陶"过的莱昂已经开始变得大胆起来:"他想他最后一定要下定决心占有她。"⑤身份和地位的改变让莱昂在爱玛面前表现出强烈的优越感和自信心,变得果敢决绝了许多,而且"开始在朋友面前表现出自命不凡的神情"⑥。虽然他外表依然温和柔顺,但内心深处已经具有了与鲁道尔夫相同的霸

---

① 福楼拜.包法利夫人.张道真,译.上海:上海文艺出版社,2007:226.
② 福楼拜.包法利夫人.张道真,译.上海:上海文艺出版社,2007:92.
③ 福楼拜.包法利夫人.张道真,译.上海:上海文艺出版社,2007:67.
④ 福楼拜.包法利夫人.张道真,译.上海:上海文艺出版社,2007:73.
⑤ 福楼拜.包法利夫人.张道真,译.上海:上海文艺出版社,2007:184.
⑥ 福楼拜.包法利夫人.张道真,译.上海:上海文艺出版社,2007:206.

道和征服欲,甚至比鲁道尔夫更为可怕,这一点爱玛在和他接触不久时就感觉到了:"爱玛隐约感到一种惊恐的情绪,他的怯懦比鲁道尔夫张开两臂向她逼近的那种大胆态度,对她仿佛更危险一些。"①因为他这种羞怯的假象对女性更有欺骗性和诱惑性,对女性也更具杀伤力,对女性的征服也比鲁道尔夫更具有隐蔽性,让女性更难以防范。但无论如何,莱昂与鲁道尔夫在本质上并无二致。如果鲁道尔夫是爱玛所处时代法国主流社会男性气质的一个典型代表的话,莱昂这一男性形象的蜕变则让读者看到鲁道尔夫这种男人的产生过程,让读者认识到鲁道尔夫这样的品性及其身上体现出来的这种男性气质不是天生就有的,而是后天形构的,是法国主流社会道德风尚和性别文化价值观共同作用的产物。

除了鲁道尔夫和莱昂之外,拥有徒有其表的男性气质却无内在人格与精神品质的还有老包法利。在该小说中,他是靠外表"吃软饭"的男人:"他靠模样长得好,赢得一个帽铺老板女儿的爱,这样不费气力捞得了六万法郎的陪嫁。他长得漂亮,会吹牛,走起路来故意让马靴铿锵作响。"②结婚后,他好吃懒做,一切由妻子打理,而且他还吃喝嫖赌,有一身的恶习。在事业方面他一塌糊涂,无论从事工业还是农业,都亏钱赔本。他的人生哲学是"一个人只要脸皮厚,在社会上什么时候都吃得开"③。这也说明,在当时的法国,这种金玉其外、败絮其中的男性是大有人在的,而且他们并不为此感到羞耻,这也说明该社会中的男性气质价值取向和评判标准方面存在着严重问题。

第四类是以鄂梅为代表的把其男性气质建立在名望和地位基础之上的男性。鄂梅身份复杂,不仅经营着药房并兼任着药房中的药剂师,而且还以科学家自居,经常撰写和发表一知半解的科普论文,并且经常在文学、艺术和宗教等方面发表高论,其最终目的无非是博取来自方方面面的认可,提升自己的社会声望和地位。公允地讲,鄂梅对宗教、文学和科学的高论中不乏独到的思想和洞见,在一定程度上也透露出作者福楼拜的

---

① 福楼拜.包法利夫人.张道真,译.上海:上海文艺出版社,2007:189.

② 福楼拜.包法利夫人.张道真,译.上海:上海文艺出版社,2007:5.

③ 福楼拜.包法利夫人.张道真,译.上海:上海文艺出版社,2007:7.

某些观点。他对教会的批判可谓一针见血,他对文学的评判也体现了他有一定的思想深度和艺术修养,他在科学和农业方面发表的一些看法在当时也具有一定的先进性。但由于他心术不正,名利心过重,缺乏道德人格,他的这些知识和才学无非是为自己牟取功名利禄的手段,其所作所为不仅给他人带来了伤害,还扰乱了社会风气,破坏了社会公正。小说对这一男性形象的描述同样不遗余力,翔实具体地再现了该时代这类男性气质的形貌。

鄂梅的沽名钓誉和他强烈的虚荣心从小说对他的药房的描述就可见一斑。在小说中,鄂梅药房外部的装潢可谓耀眼炫目,各种药物和器材广告五花八门,非常张扬。尤其是药剂师的名字"鄂梅"两个字不仅赫然出现在横跨整个铺面的招牌上,而且还出现在配方室玻璃门的半中腰上,凸显了鄂梅对自己声名的看重。小说对他初次登场的神态刻画也显示出了他的这一倾向:"他满脸洋洋自得的表情,他生活得安详自若,那神情就像挂在他头上的柳条鸟笼里的金莺。这就是那位药剂师。"[1]这种"洋洋自得"的表情在一定程度上暴露出他的自恋倾向,表明他自我感觉非常良好,而自我感觉良好恰恰又是虚荣心的一种表现形式。这位药剂师喜欢对很多问题夸夸其谈,随时希望成为公众的焦点,希望有人追随。说得兴起时竟然会"以为自己在市议会里讲话"[2]。他的言辞中总是充满了不同领域的术语、概念和话语,让自己显得很有学问。在给孩子取名时,"凡是能使人联想起一位伟人、一件大事或是一种崇高想法的名字他都赞成"[3]。

在这种沽名钓誉的心态下,鄂梅犯了一个不可挽回的错误。当他读到一篇赞成一种治疗畸形脚新方法的文章后,一方面出于一种对科学的狂热和受一种与时俱进思想的鼓动,让永维小镇跟上时代的步伐和科学的发展,另一方面更是出于让自己可以有报道新闻的出头露脸的机会,他不计后果,迫切地希望夏尔给金狮店的伙计伊波里特的畸形脚做手术。

---

①　福楼拜.包法利夫人.张道真,译.上海:上海文艺出版社,2007:57.

②　福楼拜.包法利夫人.张道真,译.上海:上海文艺出版社,2007:61.

③　福楼拜.包法利夫人.张道真,译.上海:上海文艺出版社,2007:70.

为此,他凭着三寸不烂之舌首先成功地说服了同样爱慕虚荣的爱玛,然后伙同爱玛一起说服了没有主心骨并且不自量力的夏尔,继而说服了同样没有主见的伊波里特,促成了整足手术的实施。就在手术刚做完的当晚,他就写好了一篇夸赞夏尔医术如何高超、手术如何成功、学者如何仁爱和光荣的热情洋溢的报道稿。

结果事与愿违的是,五天后伊波里特的手术伤口恶化,最后不得不实施截肢手术。手术的失败不仅让伊波里特彻底残疾,而且给夏尔带来了沉重的打击。对于一心想从夏尔手术的成功中重燃对后者敬意和崇拜之情的爱玛来说,这次失败直接让她回到自己业已厌倦的情人鲁道尔夫的身边。而与鲁道尔夫的重归于好也正式开启了爱玛走向堕落和毁灭的道路,因为她之所以陷入奸商勒儒的魔爪并且之后长期被后者操控,就是从她给鲁道尔夫买价格不菲的镀金马鞭开始的。

从这个意义上讲,鄂梅对爱玛的人生悲剧负有相当大的责任。尤其让人心寒的是,对于自己的馊主意及其给他人带来的伤害,鄂梅没有表现出丝毫的歉疚和良心的谴责,这说明对名利的狂热已经在很大程度上泯灭了他的道德良知和悲悯之心。之后,鄂梅沽名钓誉的思想和行为不但没有收敛,反而变本加厉。为了在永维小镇上炫耀他的时髦和新潮,"他总是饶有兴趣地打听巴黎的风俗;他甚至说些巴黎流行的话语,好在镇上的人前卖弄"[①]。在爱玛弥留之际,在卡里维面前,他也没有忘记"卖弄自己的渊博,胡乱扯到芜菁、乌巴斯毒树、芒色涅毒树、蝮蛇……"[②],而且随着他生意的兴隆,一切顺心如意,他竟然有了要获得一枚十字勋章的野心。

为此,他开始更加趋炎附势,"在选举中他暗中给州长先生帮了大忙"。总之,为了达到目的,他卖身求荣,奴颜婢膝,无所不用其极。他给国王上书,"请求他主持公道",称他为"我们贤明的君王",并且把他和亨利四世相媲美。迟迟看不到自己在报纸上被提名,他竟然"在花园里培植

---

① 福楼拜.包法利夫人.张道真,译.上海:上海文艺出版社,2007:223.
② 福楼拜.包法利夫人.张道真,译.上海:上海文艺出版社,2007:261.

了一块勋章样的星形草坪,在上方伸出两条窄窄的草地来代表丝带"①。可见他对名望的渴望已经到了极点。不无讽刺意义的是,正如小说最后一句话所交代的那样,他最终获得了荣誉勋章。

第五类是以勒儒为代表的把男性气质和生命的价值完全建立在金钱和财富基础之上的男性。如果鄂梅人生哲学中的关键词是"名"的话,那么勒儒人生哲学中的关键词则是"利"。与鲁道尔夫和莱昂等把其男性气质建立在浮华的外表以及对女性的征服基础之上的浮浪子弟不同的是,此君的男性气质则几乎完全建立在对金钱攫取和占有的基础之上。在爱玛的人生悲剧中,勒儒可谓是直接的诱导者和促成者。在这个男性人物形象的塑造方面,该小说同样不遗余力。与鲁道尔夫和莱昂相比,勒儒不仅在人格和德性方面存在相当大的缺陷,而且在道德方面存在更为严重的问题。因为他在追逐钱财的过程中直接伤害了他人,最终导致了爱玛的悲剧,可以说没有半点人性和道德良知可言,犯下了不可饶恕的罪恶。

在所有的男性中,该小说对这一男性形象的批判应当说是最为严厉的。同时通过勒儒这一男性形象的塑造,该小说对19世纪中期法国社会转型期男性气质体系中的财富导向以及毫无人性的算计进行了深刻的批判。从此人的肖像来看,"他虚胖的面孔,刮得光光的,上面仿佛涂了一层薄薄的甘草汁,乌黑发亮的小眼珠,衬着白发,更显得咄咄逼人"②。寥寥数语,这一奸商形象的龌龊和狠毒就已经溢于言表,正如该小说概括的那样,"他有南方人能说会道的口才,又有卡俄人的奸猾"③。作为一个商人和捐客,他穿梭在乡镇和大城市之间,倒买倒卖,无利不图。作为一个小资产者的代言人,他最擅长的就是算计(calculating):"他能在心里作复杂的演算,这本事连比内都感到惊奇。"④而算计恰恰是现代性的一副面孔,也是现代男性气质的一个重要因素。从很大意义上讲,爱玛的悲剧就是他算计的结果。

---

① 福楼拜.包法利夫人.张道真,译.上海:上海文艺出版社,2007:281.
② 福楼拜.包法利夫人.张道真,译.上海:上海文艺出版社,2007:80.
③ 福楼拜.包法利夫人.张道真,译.上海:上海文艺出版社,2007:80.
④ 福楼拜.包法利夫人.张道真,译.上海:上海文艺出版社,2007:80.

　　一方面,他对金钱有着无比的贪婪,其男性价值几乎完全建立在金钱和财富占有的基础之上,已经完全变成了赚取金钱的工具和怪物。这种男性气质的价值取向让他的人性遭到完全的异化,其灵魂已经完全被蛀空,其人格已经完全被扭曲。为了达到获取钱财的目的,他可以卑躬屈膝,巧言令色,不惜以丧失自己的男性尊严和男性气概为代价,正如该小说所描述的那样,"他对人客气几乎到了卑躬屈膝的地步,他经常半哈着腰,那姿势像是在行礼,又像在邀请人做什么"①。他不仅是布料和装饰品店铺的老板,同时还为新堡贫民医院提供果酒,还兼管典当业务,购买股份。他活动在社会的各个角落,可谓无孔不入。

　　另一方面,为了获得钱财,勒儒不择手段,完全到了道德沦丧和良知泯灭的地步。为了达到赚取钱财的目的,他极尽引诱欺骗之能事,资产阶级惯有的吞并、垄断、打击和排除异己的行径他样样精通,不仅"打算开辟一条从阿尔盖到卢昂的公共马车路线",以此"把金狮客店的公共马车路线排挤掉",而且还企图"把永维的生意全部揽在手中"。② 为了获得钱财,他甚至"希望对方还不起账,向他续借。这样,他的这笔钱,就像个可怜的瘦子,在大夫家一待,如同住疗养院,有朝一日就会长成一个大胖子回到他家来,胖得把他的钱包都胀破"③。他明明知道爱玛丈夫的收入勉强糊口,明明知道爱玛对数字没有概念,在消费方面缺乏理性,他还一再诱惑和欺骗爱玛,让后者在他那里不断购买和赊欠,直到对方到了无法偿还的地步,然后利用法律的手段把爱玛的房屋和财产全部侵吞,同时也把爱玛和夏尔逼上死路。可见,为了获得金钱,勒儒厚颜无耻,乘人之危,落井下石,已经完全丧失了人性和良知,没有了半点悲悯之情和人道主义精神,是一个心如蛇蝎的魔鬼。

　　实际上,该小说苦心孤诣地塑造了这几个典型男性人物形象,是有所指涉的。可以说,这几个典型男性形象是几类男性的代表,体现了现代男性气质的几种价值取向。鲁道尔夫和莱昂代表了对性有着强烈欲望的男

---

① 福楼拜.包法利夫人.张道真,译.上海:上海文艺出版社,2007:80.
② 福楼拜.包法利夫人.张道真,译.上海:上海文艺出版社,2007:169.
③ 福楼拜.包法利夫人.张道真,译.上海:上海文艺出版社,2007:169.

性,他俩通过获得女性的青睐、在征服女性的过程中感受男性气质;鄂梅代表了对理性和名誉痴迷的男性,热衷于在名誉中获得其男性身份的认同和建构;勒儒代表了对金钱无比痴迷的男性,期望在金钱中获得人生价值的实现,甚至为了获得金钱采用不择手段、厚颜无耻的方式。而性、名望和金钱也正是现代男性气质的重要价值取向和评判标准,是大多数现代西方社会评判男性的价值尺度。

不无讽刺意味的是,爱玛和夏尔死后,这些缺乏人性和良知、毫无道德感的人,无论是鲁道尔夫和莱昂,还是鄂梅和勒儒,都过得很好,都过得顺心如意:情场老手继续猎艳,追名的得到了名誉,逐利的获得了钱财,正所谓各得其所。这些人成了社会的弄潮儿,引领着永维小镇的舆论导向和社会风尚,把握着永维小镇的经济命脉,控制着永维小镇的交通、商业和医疗。

可以说,以上这些人物是 19 世纪法国转型期社会的产物,是从封建社会到资本主义社会、从农业经济到工业经济变迁的产物,是商品和消费社会兴起的产物。他们是转型期男性气质片面发展的结果,代表并践行了现代男性气质的几个重要价值取向和评判标准,也是被片面强调名利、金钱和肉体的现代男性气质异化的结果。他们每个人代表了现代男性气质的某个重要层面,而这些人合在一起,就构成了法国现代男性气质的整个图景。这个图景显然是灰暗的,具有相当大的原罪性质,看不到正义和良知,看不到善良和悲悯,更看不到优秀和卓越,看到的只有色欲、虚荣、自恋、平庸、贪婪、算计和不择手段。

三、男性气质理想的典范:从卡里维医生说开去

从上文的分析中我们已经发现,其实该小说对子爵、鲁道尔夫、莱昂、鄂梅、勒儒等几个男性形象的塑造以及对男性气质进行反思和批判的过程中,本身就包含着对男性气质理想的追寻,因为这些男性所缺失的东西,恰恰就应当是真正男性气质理想所包含的东西。但作为一个现代男性气质书写的经典之作,《包法利夫人》似乎并不满足于这种反思和批判,还对真正男性气质理想进行了正面思考,这种思考主要通过爱玛、夏尔和

卡里维医生三个人物形象体现出来。

　　首先我们再次审视一下爱玛这一女性形象。在本节第一部分中，我们已经详细分析了她在现实层面对男性气质方面的认知误区以及这一认知误区给她带来的伤害。但有一点我们没有谈及，那就是她在与鲁道尔夫和莱昂等平庸的男性交往过程中萌发的对男性气质精神层面的想象。由于这种想象仅仅是昙花一现，不够清晰和明确，也不够稳定和持久，所以最终没有主宰她对男性气质的认知，也没有在情爱对象的选择和情爱关系的维系方面真正得以实践。然而这种蒙昧的想象和向往也为真正男性气质理想投入了一线亮光："假若在自己年轻漂亮的时候，在陷入婚姻的泥坑，受到通奸时候那种失望的痛苦之前，能把自己的生命委付给一个伟大的坚定的心灵，她也会攀上幸福顶峰，把品德、温情、欢乐和责任结合在一切，永远不会从上面摔下来。"[①]虽然这种向往还不是出于自觉，还缺乏理性高度，虽然这对完美男性的向往具有一定的风险性，但至少包含了一些精神层面的东西，包含了真正男性气质理想的重要因素，兼容了一定的英雄气概、温情和责任等重要的品德，而这些因素也恰恰是鲁道尔夫和莱昂之流的男性所缺乏的。

　　与莱昂的情爱关系陷入平淡乏味和平庸的状态之后，爱玛再次萌发了对理想男性的想象，希望对方"既壮实又漂亮，生性勇敢，又细腻多情，有诗人的情怀，又有天使的外貌，手持弦音铿锵的竖琴，向太空流泛出仙乐般的琴音"[②]。显然，这是一种集外表与内在于一体、刚柔相济、文武双全的男性气质。这是一个女性为男性气质投来的他者眼光，是对男性气质理想的一种建构，其中的一些合理成分是值得借鉴的。遗憾的是，由于她的种种局限性和性格弱点，她没有把男性气质的这种价值取向和评判标准落实到其对情爱对象的选择过程之中。

　　第二个值得关注的形象是那个备受轻视和鄙夷的夏尔。在爱玛眼中，他是个十足的窝囊废，一个没有出息的男人；在鲁道尔夫之辈的眼中，

① 　福楼拜. 包法利夫人. 张道真，译. 上海：上海文艺出版社，2007：179.
② 　福楼拜. 包法利夫人. 张道真，译. 上海：上海文艺出版社，2007：227.

他是个笨蛋和胆小鬼。在小说之外,他也是很多读者和学者讽刺和揶揄的对象。的确,作为一名男性,他确实非常平庸,比较懦弱,缺乏主见,不懂情感,正如伍荣华所说的那样,夏尔"只是个善良的老好人,谈吐平庸,医术平庸,他对爱玛的爱是深沉又平实的,但与爱玛心目中的爱情英雄相去甚远"①。如果我们像爱玛那样,认为只有杀伐果断、能文能武、既刚猛又温存、能够满足女人的一切幻想和欲望的男人才有男性气质的话,夏尔显然没有男性气质。相比之下,倒是鲁道尔夫、莱昂、鄂梅和勒儒之类的男性似乎更具有男性气质。他们总有这样或那样的一种"特长",要么比较勇猛,要么会调情,要么会挣钱,要么会博取名声,似乎哪个都比夏尔强。然而夏尔所具有的几项重要美德是这些男性所缺乏的,就是他的善良、诚实、忠诚、质朴和宽容,而这些也应当是男性气质中的重要思想和品性。被主流社会男性气质价值取向和评判标准误导的爱玛显然看不到丈夫夏尔身上的优点,反而把他的优点看成胆小、懦弱、无能、单调、乏味等缺点。

　　第三个值得关注的男性形象是卡里维医生。可以说,在该小说中,这位医生是正面男性气质的典型代表。该小说对这个男性人物形象有一段详尽的描述:

　　　　他属于毕夏所创始的那一大外科学派。过去有一代哲人医学家,热情行医,技艺卓绝,对医道怀有狂热。这代人现在已近绝迹,他却是这种人中的一个。在他发怒的时候,全医院的人都发抖。学生们是那样尊崇他,刚一开业就极力模仿他。在附近的一些城镇中,人们常可以看到他们穿着他那种毛绒面的长棉袍和宽松的黑燕尾服。他的袖口纽子松开,搭在他肥厚的手上。他的手很美,从来不戴手套,好像为了可以更快地解救别人的病痛似的。他鄙视勋章、头衔和学院,他为人和蔼、慷慨,对穷人像

---

① 伍荣华.物化爱情的悲剧:论《包法利夫人》中爱玛的爱情误区.苏州教育学院学报,2014(3):48.

父亲般的慈祥,不相信什么道德,却极力行善,如果不是他头脑敏锐使人像怕鬼一样怕他,他简直可以算作一位圣者。他的目光,比他的柳叶刀还锋利,一直钻到你心里,透过虚假的言词和羞涩的外表,看透一切谎言。他这样生活着,具有一种庄严肃穆又和蔼可亲的气派,这种气派是一个知道自己有伟大才能,有财富,经过四十年辛勤的无可非议的生活的人所特有的。[①]

在这段话中,作者不吝笔墨,对卡里维进行了详尽描述。可以说,卡里维从外在到内在,展现了一种比较完整的男性气质,一种有内涵的男性气质,一种有英雄气概的男性气质。通过对这一典型人物的描写,该小说建构了一种鲁道尔夫和莱昂之辈所不具备的男性气质。这种男性气质即便不是理想的,至少也有很多优秀的品德,是对很多传统美德的延续和传承,是一种内外兼修的男性气质。

从外表和气质来看,卡里维医生穿着随意却不失庄重,与他内在的深沉和坚定相匹配。他心系病人,为了随时出手解救别人的病痛,他甚至养成了不戴手套的习惯,其专业精神让人钦佩。他的手肥厚而且"很美",但和那些贵族子弟不同的是,这不是寻欢作乐的手,而是让病人起死回生的手,是一双勤劳、能干的手,体现的是一种优秀和卓越,代表的是高深精湛的专业造诣,与养尊处优的寄生虫生活无缘。学生们之所以尊崇他,从一开业就模仿他,甚至在穿着方面也仿效他,正是被他这种内外兼修、表里如一的男性气质折服。同时,学生更是被他的这种职业热情和专业态度所打动。作为一代"哲人医学家",卡里维没有仅仅把行医当作安身立命的职业,而是把它看作是一种神圣的事业和使命,对其倾注了他的热爱和激情,获得了很高的专业造诣,达到了"技艺卓绝"的行医水准,赢得了人们的认可和尊敬。

从道德情操和人格修养方面,他为人和善,慷慨大度,"对穷人像父亲般的慈祥"。这种善良和仁慈也是那些贵族子弟、鲁道尔夫、鄂梅和勒儒

---

① 福楼拜.包法利夫人.张道真,译.上海:上海文艺出版社,2007:259.

之辈所最为缺乏的,与这些人的凶狠、无耻和残忍形成了鲜明的对比。与鄂梅一心沽名钓誉、满脑子功名利禄不同的是,卡里维"鄙视勋章、头衔和学院",显示出淡泊名利的高尚情操。他"不相信什么道德,却极力行善",说明他不在乎形式,不是按照清规戒律行事;不在乎所谓的道德原则,更注重的是道德实践。这说明在他那里,道德不是挂在口头上、停留在语言层面的东西,而是要体现在具体行动之中的。并且他不是按照僵化的道德律令行事,而是遵照自己的良知行事。

更为人称道的是,与夏尔这种缺乏勇气、平庸懦弱的善良又有所不同的是,卡里维在拥有善良和仁慈等美德的同时,还兼有一种血性和威严,以至于"在他发怒的时候,全医院的人都发抖"。另外,他头脑敏锐,目光犀利,能够不被虚假的言辞和伪装的外表蒙蔽,能够看透一切谎言,并且同时也体现出一种强大的自信和坚定。而这些都是他才华、智慧和内在精神品质的外显,是其德与能的平衡和统一,是他四十多年的专业磨炼和美德修养的结果。

总之,这部世界文学经典非常敏锐地捕捉到消费社会到来之际现代人的精神空虚与生命价值观的迷失,尤其在男性气质的价值取向和评判标准方面,当时出现了严重的道德缺位,要么像鄂梅那样追名逐利,要么像鲁道尔夫和莱昂那样以玩弄和征服女性为荣,要么像勒儒那样用卑鄙无耻的手段赚取钱财和牟取暴利。作为那个时代的道德风尚和性别文化价值观的产物,他们的思想和行为体现了其所践行的男性气质体系中德性的丧失。这种男性气质不再以勇敢、正义、真诚、荣誉感和责任心等品德为其主要思想内涵和价值取向,而是以名望、地位、权力、金钱、性能力为评判标准,而这也正是现代男性气质思想内涵的痼疾,是自 20 世纪初以来现代男性气质危机的根源。而卡里维这一男性形象的塑造,为现代男性气质理想的建构树立了可供参考的典范。用男性气质视角对这一世界文学经典进行阐释,丰富和拓展了这部传世经典的研究维度,此外,对其在性别议题方面蕴含的宝贵思想的阐释也为当今社会男性气质的认知和研究提供了重要的启示。

第二节　美国内战期间男性气质的流变与重塑:《飘》

作为一部史诗般的鸿篇巨制,玛格丽特·米切尔(Margaret Mitchell)的《飘》(*Gone with the Wind*,1936)不仅再现了美国内战前后这段风云变幻的历史时期南方人风雨飘摇的命运,展现了普通民众艰难的生存境遇以及他们对战争的反思、对爱情的追求和对家园的眷顾,而且让每个读者都在重温那段血色年华和沧桑岁月的同时经受了一次精神洗礼,在诸多伟大人物形象身上获得了一种深厚的精神力量。这也许就是该小说受到广大读者的喜爱并且在销量上仅次于《圣经》的主要原因。

作为一部文学经典,《飘》除了在战争、爱情、家园意识、种族等方面蕴含着丰厚思想之外,在男性气质书写方面同样是一部典型之作,对从"旧南方"到"新南方"这一转型期的男性气质变迁给予了全景式的描述。在这方面,已有的文献更多地关注斯佳丽这一女性人物形象及其性格特质,讨论最多的话题也主要集中在女性意识和女权主义思想上,但对该小说的男性形象塑造以及在男性气质方面的文化思想关注不足,富有思想深度的厚重之作更是鲜有发表。基梅尔曾经断言,"不了解男性气质就无法彻底地了解美国历史"[①]。同样,不了解男性气质也就无法彻底地了解美国小说,无法全面了解《飘》这种史诗般长篇巨著的思想图景。

研究发现,通过杰拉尔德、阿什礼、弗兰克、阿奇、瑞特等众多男性人物形象的塑造,该小说书写了从"旧南方"到"新南方"历史转型时期传统男性特质向现代男性特质的位移,再现了以杰拉尔德为代表的勇武工匠式男性气质与以阿什礼为代表的文雅家长式男性气质向以瑞特为代表的自造男人式男性气质的流变。而对于这一流变,该小说虽然对以阿什礼为代表的带有骑士精神和绅士派头的男性气质的消逝表现出一定程度的缅怀,但对该男性气质所蕴含的种种弊端也给予了相当大的反思和批判,

①　Kimmel, Michael S. *Manhood in America: A Cultural History*. New York: Oxford University Press, 2006: 2.

而对以瑞特为代表的新型男性气质则表现出了更多的认同和肯定。在该小说中,斯佳丽在心理和情感上最终放弃了对阿什礼的痴迷,全心全意地回到瑞特的身边,也在一定意义上表明了这一态度。

更为值得称道的是,在瑞特这一极为复杂的"圆形人物"(round character)身上,该小说还是实现了对自造男人式美国男性气质的拓展和超越,建构了一种新的男性气质,在继承了勇敢、血性、自信、坚强和自律等传统男性气质美德的同时,又规避了旧南方男性气质体系所蕴含的循规蹈矩、装腔作势、古板教条、过于关注名誉和体面而缺乏生存智慧和行动能力等诸多弱点,同时还增添了诸如率性洒脱、机智幽默、富有生活情趣等因素,不仅为美国男性气质的建构提供了典范,而且也对当今社会新时代男性气质的重构具有一定的启示。在该小说出版80多年后的今天,用男性气质这一性别研究视角对这部旷世经典进行重读,对其在男性气质议题方面所蕴含的深厚思想进行阐释和挖掘,不仅可以让我们更好地了解美国内战时期男性气质的状貌,而且对当今社会男性气质的认知以及新时代男性气质理想的重构同样有着重要启示。

一、勇武工匠式男性气质的衰微

在该小说中,斯佳丽的父亲杰拉尔德·奥哈拉是老一代南方白人的代表,认同和践行的是勇武工匠式男性气质。根据基梅尔的研究,"勇武工匠独立、善良、真诚,在女性面前显得拘谨和正统;在同性朋友面前,他坚定可靠、忠心耿耿。在家庭农场上或城市的手工店铺中,他是一个诚实的劳动者,不怕苦不怕累,为自己的一技之长和自力更生而感到自豪"[1],这些在杰拉尔德这一男性人物身上都得到了相当高程度的体现。

杰拉尔德出生于爱尔兰,21岁时逃到美国南方,既无门第,也无钱财,没受过多少教育,而且"心直口快,性犟如牛,动辄发怒,挥舞拳头,既好斗又好吵"[2]。但正如前文谈到的勇武工匠所具有的诸多美德一样,他

---

[1]　Kimmel, Michael S. *Manhood in America*: *A Cultural History*. New York: Oxford University Press, 2006: 13.

[2]　米切尔. 飘(上下). 黄健人,译. 北京:中央编译出版社,2015:42.

独立、善良、真诚，不怕苦不怕累，在美国南方赤手空拳，凭借一己之力，创建了自己的庄园。对于美国南方绅士的优雅和从容不迫，他虽羡慕却怎么也学不来。但此人能够吃苦耐劳，而且敢想敢干，该出手时就出手，凭借其在打牌方面的特长，赢得了一个黑奴和种植园，改变了他的阶级地位，实现了向上的社会流动，成了奴隶主和拥有土地的"上等人"。他有着浓厚的重农思想，对土地有着深厚的情感，正如他训教斯佳丽时所说的那样："世上最要紧的就是田地！天底下唯有这东西天长地久，你给我好好记住！唯有这东西值得流汗，流血，拼死相斗！"①他在靠赌博赢来的塔园上苦心经营，凭着他"喝不糊涂的海量与孤注一掷的勇气"②终于在那里建立起他的王国，成了富甲一方的农场主。

　　然而，杰拉尔德"勇武"有余而智谋不足，没有多少文化、简单、实用主义、不善思考的他，缺乏长远眼光，对时局缺乏清醒的认识。一方面，他对南方人长久以来形成的故步自封和傲慢狂妄等致命弱点习而不察，对战争盲目乐观，因此南方联邦军队被北方打败时他备受打击。另一方面，由于他平时几乎完全靠一种匹夫之勇打天下，缺乏深厚的内在精神力量，因此在他年老体衰之际，这种建立在强壮的身体和血气基础上的勇武之力也随之消失殆尽，他也因此陷入一种颓废、沮丧的精神状态。

　　在南方失陷、塔园被北方军侵占和糟蹋之后，他变得萎靡不振，他的妻子埃伦反而成了他的精神支柱和生命力的源泉。然而妻子的去世让他的精神支柱彻底坍塌，使他陷入了一种严重的身心瘫痪状态。斯佳丽回到塔园后，发现他每天昏昏沉沉，对一切都失去了热情和兴趣，一切都要由自己打理和支撑："杰拉尔德肩背佝偻。他的脸看不大清，但那份男子气概，那份饱满活力，荡然无存。那双凝视她的眼睛竟与小韦德的一个样，惊恐交集。他成了十足的小老头，他垮了。"③

　　之所以如此，一个重要的原因在于杰拉尔德的男性气质具有一种严重的他者导向性倾向，缺乏精神内核，具有相当大的夸饰性和表演性，而

① 米切尔.飘(上下).黄健人,译.北京:中央编译出版社,2015:35.
② 米切尔.飘(上下).黄健人,译.北京:中央编译出版社,2015:45.
③ 米切尔.飘(上下).黄健人,译.北京:中央编译出版社,2015:393.

他的妻子埃伦就成了他的观众,是其男性气质的见证者和膜拜者。结果埃伦去世之后,他的这种男性气质也丧失了动力,正如文中所说的那样:"埃伦死了,杰拉尔德生命的动力也随之而去。他的狂妄自信,冒失鲁莽,无穷活力也随之而去。埃伦是他的观众,杰拉尔德红红火火的一生都是演给她看的。"①最终,杰拉尔德在这样一种萎靡不振、颓丧落寞的生命状态中死去,他的死也标志着他所体现的这种勇武工匠式男性气质在南方历史舞台的式微。

二、文雅家长式男性气质的幻灭

纵观全书,阿什礼这一人物形象身上体现的是一种文雅家长式男性气质。这种男性气质建立在美国南方特有的文化传统和价值体系之上,而这种文化传统和价值体系则是南方人"对过去在英国的经历进行了模仿和借鉴,将其移植到大洋彼岸的这片土地,依据他们对英国贵族、乡绅生活方式的记忆和理解"构筑起来的,主要包括"崇尚优雅、荣誉、尊严、侠义、武力,热爱田园生活"。②从阶级的角度讲,这是一种上层社会的男性气质,继承了英国早期绅士风度的很多特征,具有一定的贵族传统。在相对封闭和保守的美国南方,受种植园经济的影响,这种男性气质有着比较悠久的历史,独立战争以及北方的工业文明没有对其造成太大的冲击。

在其盛行之时,文雅家长"代表了一种富有尊严的贵族式的男性气质,遵守英国贵族阶层的荣誉准则,追求一种品味精致、举止得体、优雅敏感的健全人格"③,这些特征在阿什礼这一男性形象身上有着相当高的体现。作为这种男性气质的代表,阿什礼文质彬彬,温文尔雅,在乎名誉,始终一副绅士派头,符合该小说反复提及的"体面人"或"上等人"的一切条件。斯佳丽之所以对他念念不忘,其中一个重要原因是为其身上的这种男性气质着迷。然而这种男性气质与内战之后美国南方的政治、经济格

---

① 米切尔. 飘(上下). 黄健人,译. 北京:中央编译出版社,2015:424.

② 李杨. 美国"南方文艺复兴":一个文学运动的阶级视角. 北京:商务印书馆,2011:35.

③ Kimmel,Michael S. *Manhood in America*:*A Cultural History*. New York:Oxford University Press,2006:13.

局发生了严重的错位。通过这一男性人物形象的塑造,小说对这种男性气质进行了多方位、多层次的再现。

首先,阿什礼眷恋旧南方生活方式,希望那种田园式的、恬静的、安稳的、没有动荡和挑战的生活方式永远存续下去,这一点从他给妻子梅丽的信中就可看出:"这些信从头到尾充满着愁闷的渴望,对十二棵树的怀念。一页又一页,说打猎,说深秋霜星下穿过寂静的林间小道,说骑马远行,说吃烧烤、炸鱼,说宁静的月夜,安适迷人的老宅。"①他似乎没有意识到,他所眷恋的那种养尊处优、充满闲情逸致的生活方式是建立在黑奴血汗基础上的,其实是一种不劳而获的寄生虫般的生活方式。他更没有意识到,他所眷恋的这种生活方式早晚会结束的,美国内战更是加速了这种生活方式的终结。他之所以参加南方邦联军对抗北方军,一个重要原因就是希望这种生活方式不被摧毁:"因为我其实是在为旧的时代作战,为我深爱的旧的生活方式作战。"②因此,当南方被北方打败、这种生活方式随风而逝(gone with the wind)的时候,他变得消沉和绝望。从社会转型的角度看,阿什礼这一男性人物形象也体现了"热爱田园风光、悠闲、秩序井然、宁静生活的传统价值观念和向城市化发展、生机勃勃但混乱的社会秩序之间的冲突"③。

与对这种生活方式的眷恋相伴而行的是对具有贵族气派的文雅家长式男性气质的认同与践行,阿什礼性格上的缺陷与这种男性气质本身存在的弱点也是密不可分的。正如我们在前文所提及的那样,从渊源上看,这种来自欧洲大陆和英国的贵族式男性气质本身就因其落后、保守、贪恋奢华、缺乏男性气概而备受美国人诟病。受这种男性气质的影响,阿什礼性格中的一个最致命的弱点就是缺乏面对现实、迎接挑战的勇气,缺乏诸多男性气概美德。这一点他自己也很清楚,这也是他对斯佳丽无比钦佩的重要原因,后者充满对生活的激情并且具有行动力,拥有面对困难的勇气和迎接挑战的胆魄。

---

① 米切尔.飘(上下).黄健人,译.北京:中央编译出版社,2015:206.
② 米切尔.飘(上下).黄健人,译.北京:中央编译出版社,2015:203-204.
③ 李杨.美国"南方文艺复兴":一个文学运动的阶级视角.北京:商务印书馆,2011:46.

　　其次,在这种男性气质的影响下,阿什礼缺乏入世随俗、解决问题的能力,难以为世所容。他想得太多,做得太少,正如斯佳丽所言:"他这人简直不食人间烟火,成天闷头想心事,不肯入世入俗。"①相比之下,斯佳丽看似简单直接,缺乏思想深度,却很有行动能力。而且最让读者印象深刻的是,每到生命的低谷,每到走投无路、身心俱疲的时候,斯佳丽总会说:"现在甭想啦,现在甭想啦,等受得住再想吧。"②其实阿什礼没有意识到,生活是动态的,社会是发展的,我们回望过去,主要是从中汲取经验、教训和智慧,用来更好地面对现在,开创美好生活,而不是一味地眷恋过去。对于他所认同的具有贵族派头和骑士传统的男性气质,他应当取其精华、去其糟粕,继承其思想体系中的合理内核,摒弃其中蕴含的诸多矫揉造作、不切实际的东西。

　　尽管斯佳丽后来不遗余力地帮助他,想让阿什礼尽快适应战后美国南方的社会发展,但他始终是一个扶不起来的阿斗,毫无进取心可言:"可不管她如何鼓劲儿,阿什礼的眼神老是怪怪的,死气沉沉。"③所谓哀莫大于心死,阿什礼的这种绝望让他彻底丧失了生命活力和进取精神,他的这种颓废状态几乎让他难以自食其力,更难以承担起养家糊口的责任。对于战败后百废待兴、急需重建家园的美国南方来说,这种精神状态更是不合时宜,也说明他所认同的那种男性气质已经不符合社会发展的需求,这一点作者米切尔显然看得很清楚。

　　再次,受这种男性气质的影响,阿什礼的性格气质中还表现出相当大的遵从性,缺乏恪守自我的勇气,具有随波逐流型人格特质。在莱昂内尔·特里林(Lionel Trilling)看来,这种人的"整个存在都是在捕捉由他同伴的舆论及文化的制度性力量发出的种种信号,力求与之步调一致,以至于他根本就不是一个自我,而是一只学舌的鹦鹉"④。这种人格特质的主要特征就是无法坚持自我,没有勇气按照自己的判断行事,这一点连阿

---

①　米切尔.飘(上下).黄健人,译.北京:中央编译出版社,2015:206.
②　米切尔.飘(上下).黄健人,译.北京:中央编译出版社,2015:899.
③　米切尔.飘(上下).黄健人,译.北京:中央编译出版社,2015:723.
④　特里林.诚与真.刘桂林,译.南京:江苏教育出版社,2006:66-67.

什礼本人都有所察觉："过去我不赞成脱离联邦,可佐治亚宣布退出我也跟着退出了。我不赞成打仗,可我也参了军打了仗。"①阿什礼无法按照自己的真情实感行事,说到底还是缺乏一种勇气,顶不住外在的压力。

另外,他凡事缺乏迎接挑战的勇气,尤其在危难艰险的时刻,他缺乏独当一面、力挽狂澜的胆魄,这一点就连一直对之盲目崇拜、一直为他的种种缺陷辩护的斯佳丽也认识到了:"当初瑞特瞧不起他的那些讥讽……。她怀疑阿什礼应付这场乱子是否真像个男子汉。自她爱上他那天起,她头一次发现笼罩他全身的光辉正开始悄然淡去,而她浑身的耻辱、罪过,正在他身上蔓延开来。"②对阿什礼在困境面前的一筹莫展,斯佳丽开始感到十分恼火。由于生存能力和上进心的欠缺,他不但无法担负起照顾妻子的责任,反而需要妻子的照顾。深知阿什礼不通时务、难以自力更生的妻子梅丽在临死之时把照顾他的任务交给了斯佳丽。这样,"保护阿什礼不受冷酷世界伤害的重担便从一个女人肩头挪到另一个女人肩头,而且不让阿什礼知晓,不至于伤害他男子汉的自尊"③。如果说男性气质的一个主要评判标准就是自食其力、独立自主并且能照顾和关爱弱者的话,那么阿什礼显然缺乏男性气质。

最终,斯佳丽彻底看清了阿什礼的本质,认识到"他还没长大,还是个孩子"④。这也进一步说明阿什礼不具备男性气质,因为"一个男性在其成为男人的同时也就意味着他不再是个男孩。在过去人们的心目中,男人能够独立自主、自我控制和承担责任,而男孩则具有依赖性、缺乏有责任感的自控能力。这种观念也曾经一度体现在语言中。manhood 这一术语曾经与 adulthood 同义"⑤。按照这个说法,阿什礼显然不具备男性气质。

① 米切尔.飘(上下).黄健人,译.北京:中央编译出版社,2015:738.

② 米切尔.飘(上下).黄健人,译.北京:中央编译出版社,2015:919.

③ 米切尔.飘(上下).黄健人,译.北京:中央编译出版社,2015:976.

④ 米切尔.飘(上下).黄健人,译.北京:中央编译出版社,2015:980.

⑤ Kimmel, Michael S. *Manhood in America*: *A Cultural History*. New York: Oxford University Press, 2006: 14.

此时的斯佳丽对阿什礼感到彻底幻灭，认识到自己其实一直都在受阿什礼曾经给自己留下的一个幻象蒙蔽："我爱的只是自己造的一尊偶像，无生命的偶像，跟梅丽现在一样。我做了一套漂亮衣服，就爱上了它。阿什礼骑马走来，我见他这么相貌堂堂，与众不同，就把这套衣裳给他穿上，也不管合不合他的身，而且不肯看看清楚他到底是何等样人，我就一味地爱那套漂亮衣裳——而不是他本人。"[①]这一幻象其实就是阿什礼所践行的旧南方文雅家长式男性气质。斯佳丽最终全身心地回到瑞特身边，说明阿什礼所践行的这种男性气质的彻底破产。

在此我们不妨把斯佳丽和包法利夫人两个女性形象进行一次简单的对比。可以看出，在男性气质的认知方面，与包法利夫人较为相似的是，斯佳丽也长时间被这种具有鲜亮外表和骑士风度的男性气质蛊惑。然而不同的是，斯佳丽没有像包法利夫人那样一直执迷不悟，而是最终看透了这种男性气质的本质，并且从它的蛊惑中摆脱出来，表现出了一定的进步性。

总之，阿什礼认同的这种绅士男性气质徒有其表，既缺乏勇敢、坚强的美德，又缺乏积极进取的精神，结果在历史变迁和社会动荡时期变得无所适从，难以生存。如果我们跳出文本、放眼西方历史的话，就会发现这种讲求绅士风度的男性气质在西方社会有着相同的命运和演变轨迹，都在工业社会陷入困境，都遭到新兴男性气质的挑战。按照约翰·托什（John Tosh）的说法，自维多利亚时期以降，"绅士"已经没有市场，绅士风度与新时代的男性气概（manliness）变得水火不容："'绅士'继续看重某种彬彬有礼和平易近人的品质，而男性气概则青睐一种粗犷的个人主义德性，并且这种风格的男性气质的社会和政治重要性随着时代的前进愈发显著。"[②]而这种侧重"粗犷的个人主义德性"的男性气质在瑞特这一男性形象身上得到集中的体现。

---

① 米切尔. 飘（上下）. 黄健人，译. 北京：中央编译出版社，2015：982.

② Jeffers, Jennifer M. *Beckett's Masculinity*. New York：Palgrave Macmillan，2009：77.

三、自造男人式男性气质的生成

与阿什礼恪守的具有骑士精神和贵族派头的文雅家长式男性气质有所不同的是,瑞特践行的是一种符合美国民族精神、顺应时代需求、适合个人生存和社会发展的男性气质,这种男性气质就是美国 19 世纪中后期兴起的自造男人式男性气质。在前文我们谈到,自造男人式男性气质是从 19 世纪 30 年代中后期开始在美国流行的。而在大洋彼岸维多利亚时期的英国,"自我成就并且富有男性气概的男人正在成为新时期男性气质理想的典范"①。从阶级上讲,这是中产阶级或资产者认同和践行的一种男性气质。

自造男人在 19 世纪中期成为美国占统治地位的男性气质模式,在内战之后的几十年中,它都是一种改造这个国度的力量,而《飘》这本巨著所再现的恰恰就是这个历史阶段的故事。正如基梅尔所说的那样,"自造男人式男性气质主要从一个男性在公共空间的活动中获取身份认同,以其积累的财富和社会地位及其在地理和社会空间中的流动性为衡量标准"②。简单地讲,"市场上的成功、个人成就、流动性和财富"③是自造男人式男性气质的主要构成因素。这一点在瑞特这一典型人物身上有着集中的体现。

首先,瑞特具有很大的活动空间和社会流动性。即便在兵荒马乱的美国内战时期,他照样能够穿过封锁线,与北方人做生意。除了美国之外,他的足迹还遍及英国和欧洲大陆。其次,如果说认同和践行着文雅家长式男性气质的阿什礼具有社区本位、强调个人对社区的服务的话,瑞特则更加注重个人生存条件的自我改善和个人福祉的谋取,更注重个体的

---

① Jeffers, Jennifer M. *Beckett's Masculinity*. New York: Palgrave Macmillan, 2009: 77.

② Kimmel, Michael S. *Manhood in America: A Cultural History*. New York: Oxford University Press, 2006: 13.

③ Kimmel, Michael S. *Manhood in America: A Cultural History*. New York: Oxford University Press, 2006: 17.

利益和尊严,这也是自造男人式男性气质的一个重要特征。再次,与阿什礼这种自我封闭型的男性不同的是,瑞特出入各种公共场合,以各种方式实现个人财富的积累和自我价值,这也是自造男人式男性气质的一个重要特征。与难以为继的勇武工匠和文雅家长相比,这种自造男人式男性气质显然更符合个人生存和社会发展。可以说,瑞特身上体现的男性气质也是历史的选择,是美国从旧南方到新南方转型时期性别文化价值观变迁的产物。

四、对自造男人式男性气质的超越

值得称道的是,虽然瑞特这一男性总体上展现了自造男人式男性气质,但同时对该男性气质模式中的某些非人性化的价值取向和评判标准进行了一定程度的超越,丰富和拓展了该男性气质的内涵和外延,体现了文学家在男性气质认知方面的人文特性。

正如美国梦从一种激发个体力求卓越、获取成功,从而最大限度地实现个人价值的文化理想和民族精神,蜕变和沦落为一种对名利、财富和权力的片面的强调和追求,伴随着现代性的侵入,自造男人式男性气质同样经历了严重的价值危机,从一种鼓舞男性积极进取、奋发向上的人格与精神力量蜕变为一种导致男性人格扭曲和人性异化的消极力量,《一个推销员之死》中的威利·洛曼就是一个典型的例子。另外,正如《包法利夫人》中的鲁道尔夫、鄂梅和勒儒等现代男性一样,对女性的征服、对名利的追逐和贪图钱财,都是这种男性气质的惯常表现。

一方面,这种男性气质失去了传统男性气概(manliness)的诸多道德意识和美德诉求,让现代男性变得空虚、浮躁和平庸;另一方面,这种男性气质在近现代社会在价值取向和评判标准方面具有严重的外在导向性和物化倾向,过度看重权力、财富和名位,无形中给男性个体带来越来越多的焦虑和压力。正如基梅尔所说的那样,"除了灵活多变、争强好胜和富有进攻性等习性外,自造男人在性情上还显得焦躁不安,长期缺乏安全感。为了给自己的男性身份构筑一个牢固的根基,他们可谓拼尽全力"①。这也是美国自 20 世纪中期以来男性气质危机成为一种社会问题的重要原因。

难能可贵的是,有着明显自造男人倾向的瑞特,并没有受该男性气质模式中的这些缺陷的影响,而是表现出了相当大的主体能动性和超越性。可以说,在这一男性人物身上,该小说打破了几乎所有男性气质模式的局限,塑造了一种全新的男性气质模式,显示出了相当大的包容性、可塑性和超越性。瑞特所体现的男性气质不仅汲取了勇武工匠、文雅家长和自造男人三种男性气质模式的某些特性和优点,还具有幽默风趣、温柔体贴、善解人意等特点,很大程度上丰富和拓展了传统男性气质的思想内涵。

首先,瑞特的男性气质中吸纳了勇武工匠式男性气质的某些传统美德,不仅具有面对压力、迎接挑战的勇气,而且有力挽狂澜、解决问题的魄力,这也是传统男性气质或男性气概的重要特征。其实杰拉尔德和阿什礼的人格体系中也不乏勇气,但杰拉尔德的勇敢更多地表现为一种虚张声势(bravado)和狂躁,缺乏内蕴和持久性;阿什礼有时也非常勇敢,"他只要下定决心,谁也甭想比他更勇敢、更坚定"②,但他的勇敢往往仅仅是昙花一现,稍纵即逝,更多的时候则表现为一种心事重重和对现实的逃避,无法把这种勇气用在面对困境和解决问题之中。与阿什礼有所不同的是,瑞特具有一种内在、深沉、更为持久和收放自如的勇敢,该出手时就出手。而且他还体现了一种真正的"重压下的风度",能够做到举重若轻、从容自如。另外,他体现的是一种富有智慧的勇敢,而不是匹夫之勇或愚勇,经常在危难之中显身手。

其次,瑞特这一男性形象还兼有文雅家长式男性气质的某些重要品质,弥补了自造男人式男性气质中家庭意识淡薄、缺乏父性等缺陷。根据基梅尔的考察,"对于温和的家长来说,男性气概意味着对财产的拥有权

---

①　Kimmel, Michael S. *Manhood in America*: *A Cultural History*. New York: Oxford University Press, 2006: 13.

②　米切尔. 飘(上下). 黄健人,译. 北京:中央编译出版社,2015:206.

以及在家庭中扮演的一种慈善的家长式权威角色,其中包括对儿子的道德教诲。作为一个有着基督教信仰的绅士,温和的家长代表着关爱、仁慈、有责任心和怜悯之情,这些特征通过他们从事的慈善工作、教会活动和对家庭事务的深度参与就可体现出来"①。然而在自造男人等现代男性气质模式中,由于过度看重男人在公共空间的成功,男人在家庭中对子女的责任意识就越来越淡薄。由于他们在工作场所付出的时间和精力越来越多,他们用来陪伴妻子和孩子的时间也就越来越少。另外,为了避免在家庭中被女性"驯化",很多男性在业余时间往往更愿意进行同性社交,甚至更容易弃家出走。因此美国的父亲们与他们的孩子越来越疏离,对子女的性格、需求和存在的问题也缺乏了解。

然而,在瑞特这一男性身上,上述两种男性气质之间似乎得到了平衡。瑞特虽然不像弗兰克等男性那样,对自己的父亲身份(fatherhood)那么狂热,但有了孩子之后,他就立刻让自己进入了父亲的角色,不仅尽心尽责,而且关爱备至。尤其在小说的后半部分,有了女儿白波妮之后,瑞特的文雅家长气质越来越浓厚。

一方面,与一般男性热衷于生男孩有所不同的是,瑞特并不在乎自己的孩子是男孩还是女孩。对于很多男人而言,有个男孩是件引以为傲的事情,似乎成了其男性气概的证明。难能可贵的是,瑞特能够打破这种心理偏见,以更为人性化的态度看待孩子。就在斯佳丽分娩的那天,当得知孩子是女孩时,梅丽还有点担心,认为瑞特会很失望:"梅丽明白,女人不论儿子女儿都一样高兴。可男人,尤其巴特勒这种任性的男人,养个女儿只怕好比当头一棒,有损他男子汉的自尊心。"②然而当嬷嬷"跟瑞特先生告罪说小姐养的是个丫头,不是小子"时,瑞特却说:"得了吧,嬷嬷!谁要小子!小子多讨嫌,净闯祸!丫头多好,给我一打小子我这丫头还不换嘞!"③这显然是一种更为开明、不受世俗偏见左右的父性或父爱。

---

① Kimmel, Michael S. *Manhood in America*: *A Cultural History*. New York: Oxford University Press, 2006: 13.
② 米切尔. 飘(上下). 黄健人,译. 北京:中央编译出版社,2015:856.
③ 米切尔. 飘(上下). 黄健人,译. 北京:中央编译出版社,2015:856.

另一方面,瑞特表现出来的父爱不仅充满爱心和耐心,而且这种父爱还成为其洗心革面、改变陋习的救赎力量。很多男性在乎父亲这一身份给他带来的男性气质和男性身份的确证感,但对孩子本身却缺乏足够的爱心和持久的耐心,正如嬷嬷顺口提及的那样,"多少男人等自己的娃娃落地早喝得糊里糊涂了"①。这一点其他很多女性也感同身受:"她们的丈夫不等宝宝受洗就不把这当回事了。"②这也从侧面揭示了现代社会男人父性的缺失。

与很多男性表现出来的这种肤浅而短暂的父性有所不同的是,瑞特表现出来的父性深刻而持久,而且这种浓浓的父爱对他也起到了洗心革面的作用,就连周围的人都感到非常惊诧:"自女儿出世那天起,瑞特就变得叫人弄不懂了,原先众人对他的看法这下全推翻了。这些看法亚特兰大人和斯佳丽真不愿放弃,谁想得到偏偏是他对当爸爸这么厚着脸皮津津乐道?尤其头一胎就是个丫头,而不是小子。"③也就是说,瑞特平时展现在众人面前的是一种铁血硬汉形象,有着典范式的男性气质,而这种男性气质也是当时亚特兰大人更认可的男性气质,以至于他的这种浓浓的父爱反而让他们感到不习惯了。

同样,斯佳丽对瑞特在孩子身上表现出来的浓浓的父爱也是有点难以接受,甚至有点排斥:"见他当着客人吹自己的宝宝,她既难为情又有几分恼怒。男人家爱孩子情有可原,但在别人面前卖弄,就有失男子汉气派。他应该跟别的男人一样,随便些,马虎些。"④与前面提到的亚特兰大人一样,斯佳丽的这种心理恰恰反映了美国南方民众心目中的男性气质刻板印象,认为男人可以,甚至应该在孩子抚养方面不必太用心,可以"随便些,马虎些",认定男人在孩子身上花太多的精力和时间以及对孩子表露太多的感情,是一种有失男性气概的表现。

这也从侧面表明,现代男性普遍父性的缺失与社会性别文化中男性

① 米切尔.飘(上下).黄健人,译.北京:中央编译出版社,2015:855.
② 米切尔.飘(上下).黄健人,译.北京:中央编译出版社,2015:862.
③ 米切尔.飘(上下).黄健人,译.北京:中央编译出版社,2015:862.
④ 米切尔.飘(上下).黄健人,译.北京:中央编译出版社,2015:863.

气概流俗的影响是有一定联系的。根据男性气概流俗，一个有男性气概的人是要在公共空间中纵横驰骋、杀伐决断，而非在家庭空间中表现出太多的儿女情长，正如基梅尔所说的那样，"自我成就需要自我控制，而自我控制则需要情感控制。因此，比如，在18世纪，热恋或嫉妒的情感性爆发被认为是具有男性气概的表现；但现在则被认为是缺乏男性气概的表现；因为人们现在认为能够强烈感受到这些情感的是女性，而不是男性。真正的男人不会放纵自己的情感，而是把它很好地用到职场竞争中去"①。瑞特能够不顾这种性别流俗和偏见，没有让这种男性气概流俗扼杀自己的父性，能够率性表达自己的父爱，是非常值得称道的。

另外，瑞特的这种父爱并非三分钟热血，"他当爸的新鲜劲头有增无减，这可让不少女人暗生妒忌"②。这些女人之所以妒忌，是因为她们的丈夫对孩子缺乏这种耐心和投入。他平时对女儿体贴入微，到了一种溺爱的程度，甚至比斯佳丽更懂得孩子的心理，懂得如何与孩子相处和交流，这一点连斯佳丽都暗暗称奇："谁想到瑞特这种人当起爸爸来这么尽责尽心。"③从瑞特为了女儿健康快乐地成长而做的自我改变以及采取的种种实际行动可以看出，他的父爱是实实在在、尽心尽责的。

为了不让自己一身酒气，他戒了白酒，只在晚饭后喝一杯葡萄酒；为了女儿晚上睡得安稳，他晚上都早早回家；下班回来就陪女儿慢慢散步，并且耐心地回答孩子没完没了的问题，如此等等，不一而足。自南方投降以来，瑞特的名字就一直跟"北佬"、共和党和叛贼联系在一起，而在有女儿之前瑞特从来没把来自南方人的各种敌视和攻击放在心上，但为了给女儿的未来营造一个好的舆论环境，让她被上流社会接纳，瑞特费尽心思，想尽各种办法与那些敌视和攻击他的人交好，改变自己在他们心目中的形象，改变他们对自己的看法和成见。

为此，他改变了自己的不良习气，不再狂喝滥饮或者在牌桌上一掷千

---

① Kimmel, Michael S. *Manhood in America：A Cultural History*. New York：Oxford University Press，2006：87.
② 米切尔. 飘（上下）. 黄健人，译. 北京：中央编译出版社，2015：862.
③ 米切尔. 飘（上下）. 黄健人，译. 北京：中央编译出版社，2015：955.

金,说话也不再那么恶毒,目光也不再那么挖苦,而是处处自律节制,谦逊低调,表现出一副绅士派头和上等人的形象。他开始带着韦德出入教堂,为"修缮圣公会教堂慷慨解囊,为阵亡将士墓美化协会捐款,出手大方,但又不致招摇"①,而且还在银行谋取了一份差事,在那里认认真真地工作起来,平时对周围的邻居也变得更加彬彬有礼。最后,通过以上种种努力,他终于改变了别人对他的偏见和敌视,赢得了他人对他的好感和尊敬。

瑞特不仅对自己的亲生女儿充满了父爱,就连继子韦德他都没有忽略,没有因为他不是自己的孩子而对之另眼相看。瑞特的女儿出生那天,当全家人把注意力集中到她身上时,平时就备受母亲斯佳丽嫌弃的韦德感到更加备受冷落,感到"他那本来就不安全的小天地摇摇欲坠"②。而瑞特表现得非常善解人意,在韦德问他想要男孩还是女孩时,他随口回答说不想要男孩,但发现韦德"小脸一沉",就马上改口道"我已经有个男孩子了,干吗还要?"③而且说"有你这个儿子我就够了,孩子"④。这也让韦德心中的郁闷一扫而光,让他重新获得了快乐和安全感:"刹那间,韦德感到又快活又安全,乐得又要哭。他喉头哽咽,把脑袋贴到瑞特身上。"⑤

此外,瑞特的男性气质中还有幽默的一面,比较率性本色。与把"名誉""体面"当作口头禅的南方绅士阶层不同的是,瑞特敢于面对和承认自己的弱点,而且具有自嘲的精神,甚至敢于说自己是自私自利的恶棍。相比之下,阿什礼在很多事情上则循规蹈矩,太看重面子,因而在很多事情上缩手缩脚。

其实瑞特的男性气质中丝毫不乏自律:"瑞特总是沉着冷静,即使夫妻亲热时也不例外"⑥,"他从不像孩子那样放纵自己,永远是个男子

① 米切尔.飘(上下).黄健人,译.北京:中央编译出版社,2015:878.
② 米切尔.飘(上下).黄健人,译.北京:中央编译出版社,2015:859.
③ 米切尔.飘(上下).黄健人,译.北京:中央编译出版社,2015:860.
④ 米切尔.飘(上下).黄健人,译.北京:中央编译出版社,2015:860.
⑤ 米切尔.飘(上下).黄健人,译.北京:中央编译出版社,2015:860.
⑥ 米切尔.飘(上下).黄健人,译.北京:中央编译出版社,2015:852.

汉"①；但同时他又有随意的一面，人性化的一面，在两者之间保持着一定的平衡。但必须指出的是，在他看似随意甚至痞子气的外表下面，他是非常有原则和分寸的，对自己的行为始终有着较强的掌控力，在关键的时刻始终能做出正确的反应，采取有效措施。

在感情方面，对于很多男性而言，"男人如果对女性表现出强烈的情感，他就会受到鄙视，被认为太女性化。男人在公共场合要避免女性化，而在私人空间里则可以表现得像个女人"②。而瑞特则显得更为本色，不在乎因为自己情感的外露而受到别人的耻笑。另外，在父权社会，受大男子主义思想的影响以及为了维护自己在家庭中的主导地位，很多男性都只希望妻子在家里相夫教子，做个贤妻良母，不赞成妻子外出工作。但瑞特显然打破了这种保守思想，对于妻子斯佳丽开店办厂的念头，他没有任何反对意见，对斯佳丽做生意可能招致的流言蜚语他毫不在乎："蠢货的话我才不睬呢，老实说，咱教养不好。有个能干老婆得意还来不及哩，我要你继续开你的店，办你的厂。"③即便对于当今社会的男性，瑞特对女性的这种开明态度也是有借鉴意义的。可以说，他为现代男性树立了一种健康的人格典范。

瑞特之所以能够做到这一点，是因为他在实践其男性气质的过程中所遵循的是"真实性"（authenticity）原则，具有恪守自我的勇气，他从不受陈规陋俗的束缚，凡事能够按照自己的性情和良知做出判断，并按照自己的判断采取行动。从人格的角度讲，瑞特秉承的是一种"内在导向"的人格，具有这种导向的男人能够"我行我素，能够遗世独立，按照内心的律令行事"④。在这种真实性原则和内在导向的人格驱动和主导下，瑞特展现出一种灵活多变、真切自然的男性气质，展示了男性的多面性和复杂性，

① 米切尔. 飘（上下）. 黄健人，译. 北京：中央编译出版社，2015：828.

② Kimmel，Michael S. *Manhood in America：A Cultural History*. New York：Oxford University Press，2006：115.

③ 米切尔. 飘（上下）. 黄健人，译. 北京：中央编译出版社，2015：834.

④ Kimmel，Michael S. *Manhood in America：A Cultural History*. New York：Oxford University Press，2006：81.

"他真心诚意夸奖勇敢、荣誉与美德,但紧接着又会讲些最下流无耻的事来"①。可见,他不仅具有幽默风趣、和蔼亲切、彬彬有礼等品质,而且具有坦率自然的真性情。在和平年代,这种更具人性化的男性气质也许更有利于个体的身心健康,更有利于促进两性的平等,更有利于家庭和社会的和谐。可以说,瑞特这一男性形象超越了当时男性的诸多刻板心理和行为模式,体现了个体的主观能动性,能够操控和驾驭社会和文化中的既有男性气质观念,取其精华,去其糟粕,实现对它们的改造,建构和践行了一种新的男性气质理念。

通过对杰拉尔德、阿什礼和瑞特等几个重要男性人物形象的塑造,《飘》对男性气质这一文化命题进行了深刻的反思和重构,为人类性别文化的发展和更新做出了卓越的贡献。在男性气质的认知和界定方面,该小说没有被其所处时代种种社会流俗和性别刻板成见束缚,打破了男权-女权二元对立思维模式,而是带着对人性的深刻理解重新审视美国南方男性气质,不仅对旧南方具有骑士精神的男性气质的种种缺陷给予了一定的剖析,而且同时在瑞特这一复杂的人物身上形塑了一种新型男性气质。

总体上看,与杰拉尔德所代表的勇武工匠式男性气质和阿什礼所代表的文雅家长式男性气质相比,瑞特所代表的自造男人式男性气质与美国社会的核心价值观、民族精神是一致的,是激发、督促、鞭策男性承担社会责任以及投身国家建设的一种文化推动力。对于战后重建时期的美国南方而言,瑞特这一人物身上体现的这种男性气质是社会所需求的。对这种男性气质的践行能够给美国南方社会带来活力和财富,有利于推动各项事业的发展,有利于促进南方的繁荣和复兴。

在这方面,《飘》展现了相当的历史高度和思想深度,没有受当时社会广泛存在的怀旧情绪影响,而是把旧南方所尊崇的具有骑士精神和贵族派头的男性气质看作是一种"随风而逝"的东西,看到了在转型期自造男人式男性气质模式对南方重建的积极推动力,并且通过瑞特这一复杂人

---

① 米切尔.飘(上下).黄健人,译.北京:中央编译出版社,2015:828.

物形象的塑造,不仅实现了对这一男性气质的再现,而且还对这种男性气质体系中蕴含的种种缺点也实现了某种程度的超越,实现了一种更为人性化、更具包容性的男性气质理想重构,体现了文学家在男性气质这一文化命题方面的独特立场和认知视野。

第三节　美国黑人男性气概的宣言书:《黑人的负担》

在世界文学中,非裔美国文学(African American literature)在男性气质的书写方面可以说最具典型性。在漫长的奴隶制时代,黑人男性的男性气概一直是备受阉割的。即便在奴隶制被废除到民权运动这一百多年的时间内,在种族歧视体制的压迫下,美国黑人男性气概同样无法真正得到伸张。因此男性气概的建构和实践就成了美国黑人种族解放的一项重要议题,这一点在 20 世纪 60 年代席卷美国的民权运动(civil rights movement)中得到了集中体现。

在 1968 年 3 月 29 日孟菲斯爆发的环卫工人大罢工中,示威游行的黑人每人胸前挂着一个标语牌,上面清晰地写着"我是男人"(I AM A MAN)的标语。如此旗帜鲜明并且大规模地宣示对男性气概的拥有权和伸张其男性气概的强烈诉求,在人类文明史上几乎是空前绝后的,这也振聋发聩地体现了美国黑人男性气概被压抑到何种程度,黑人男性对男性气概的诉求是多么强烈。在《黑人的负担》(*Black Man's Burden*, 1965)中,作者约翰·奥利弗·基伦斯(John Oliver Killens)以直抒胸臆的方式表达了黑人对男性气概的这种强烈诉求,可谓美国黑人男性气概的宣言书。

这部著作由六篇散文构成,主要探讨了黑人文化身份的确证、话语权的赢取对增强黑人种族自豪感和自信心以及男性气概建构的重要性、黑人男性气概长期被压抑和阉割给黑人男性带来的心理创伤、男性气概的建构对黑人个体成长与民族解放的重要意义以及自卫和暴力反抗在黑人男性气概建构与伸张过程中的必要性等问题,对于深化我们对男性气概的理解有着重要的启示。

一、文化身份的确证与话语权的争夺

在杜波依斯（W. E. B. Du Bois）所提出的"双重意识"这一著名的世纪难题中，作为流散族裔的后代，美国黑人很难形构自我主体身份意识，而是通过他者的眼光看待自我，用"正在以嘲弄、鄙视和怜悯的目光凝视着他的那个社会尺度来衡量他的灵魂"①，黑人的灵魂被要做黑人还是美国人的问题困扰和撕扯，无法得到安息，其自我主体意识也始终处于阙如的状态。在这种情况下，"他只有凭借一种顽强的力量才不至于使自己被撕成碎片"②。基伦斯延续了对这一世纪难题的思考，强调了恪守自己的种族身份、充实自己的黑人性对于超越双重意识、实现黑人文化身份确证以及男性气概建构的重要意义。

在第一篇名为"黑人心理"（"The Black Psyche"）的散文中，基伦斯鼓舞和号召广大黑人不要用白人的眼光看待自己，不要用白人的标准评判和衡量自己，不要模仿白人，不要做黑皮肤、白面具的人，而是要立足和忠实于自己的黑人性。要做到这一点，黑人就要有相当强的种族自信，为自己的种族血统自豪，相信黑人性和黑人文化中有些优秀和卓越的东西可以"给苍白无力的美国主流生活的——文化的、社会的、心理的、哲学的——方方面面注入一些黑人的血液、一些黑人的才智、一些黑人的人性"③。可以说，对于黑人男性气概建构来讲，这种文化自信和种族自豪感是极其重要的，因为自信在男性气概德性体系中占有举足轻重的地位，是男性气概的重要魅力所在，拥有自信的人才"有能力负起责任或具有权威"④，而种族自豪感和对本民族文化的认同则会直接影响个体自信心的建构。

除了在美国黑人大众身上赋予的这种期许外，基伦斯对黑人作家和艺术家给予厚望，认为黑人作家和艺术家在黑人文化身份建构和话语权

---

① Du Bois，W. E. B. *The Souls of Black Folk*. New York：Bantam Books，1903：3.
② Du Bois，W. E. B. *The Souls of Black Folk*. New York：Bantam Books，1903：3.
③ Killens，John Oliver. *Black Man's Burden*. New York：Pocket Books，1965：17.
④ 曼斯菲尔德.男性气概.刘玮，译.南京：译林出版社，2009：370.

的赢取方面担负着更多的责任。在"黑人作家与他的国度"("The Black Writer Vis-à-vis His Country")一文中,基伦斯倡导一次文艺革命,而黑人作家和艺术家则是这场文艺革命的骨干和领导者。而且他认为黑人文学家和艺术家在对美国社会的认识方面比白人更有优势,因为"作为黑人,他们比美国自身更了解美国。生存的法则迫使奴隶必须知道其主人的种种反常和怪癖"①。作为白人主流文化的他者和边缘人群,他们更能看清美国社会中的种种问题。

　　然而基伦斯同时也没有低估黑人作家或艺术家在履行这一职责的过程中所面临的困境和将要承受的压力和打击。尤其在其文化归属和自我身份方面,黑人作家和艺术家将会面临艰难的选择:"压力从四面八方涌来,一起施加在黑人艺术家身上,让他否弃他的文化,他的根和他的自我。"②在此,基伦斯延续了他鲜明的种族立场,认为黑人作家和艺术家的黑人种族身份或黑人性是第一位的,是要恪守的。他批判了像拉尔夫·埃利森(Ralph Ellison)等极力淡化,甚至否定自己黑人种族身份的作家,后者宣称自己"首先是一个作家,只是碰巧自己是个黑人"③。

　　而在基伦斯看来,"问题的真相恰恰在于我们这些黑人作家首先是黑人(或者非裔美国人,如果你以为这个说法更妥当的话),却碰巧成了作家"④。与很多黑人作家为自己的种族身份感到自卑和羞耻不同的是,基伦斯认为做一个黑人作家不但没什么不好,反而有相当大的优势。因此在他看来,"一个有创造力的作家在其创作时要有他的参照体系,即他的整个人生经历,因此他最好尽快地与之达成和解"⑤。也就是说,黑人作家或艺术家如果摒弃了自己个体与种族的经历,其创作会成为无源之水、无本之木,不会有太高的造诣。

　　另外,他认为黑人作家和艺术家应当成为"真理的探求者",应当"为

---

① Killens, John Oliver. *Black Man's Burden*. New York: Pocket Books, 1965: 32.
② Killens, John Oliver. *Black Man's Burden*. New York: Pocket Books, 1965: 33.
③ Killens, John Oliver. *Black Man's Burden*. New York: Pocket Books, 1965: 33.
④ Killens, John Oliver. *Black Man's Burden*. New York: Pocket Books, 1965: 33.
⑤ Killens, John Oliver. *Black Man's Burden*. New York: Pocket Books, 1965: 34.

人类开创新视野",应当致力于"改变世界,捕捉住现实,把它融化并铸成全新的东西"①。他认为有很多真理和真相依然被蒙蔽,被曲解,并不像西方有些人说的那样,"一切都已经被说过,现在的问题是你要用不同的方式把它再说一遍"②。这是因为,大多数的说话者或者拥有话语权的人是白人,他们只说出了对他们有利的话,说出了他们想说的话,而很大一部分真相并没有被说出。另外,白人所说的东西大多都是"一堆谎言或谬误,是为神话的缔造者所唱的赞歌"③,而有关美国黑人的历史、文化、传统等方面的真相则大大被蒙蔽和抹杀了。在这种情况下,黑人知识分子就有责任去发现真理,揭露真相,这样才能纠正被白人扭曲的事实,才能把话语权掌握在自己的手中,改变长期以来黑人种族的隐身和失语状态。

基伦斯痛彻地意识到,"在书籍、电视、电影与百老汇的剧作等方面,美国的黑人在美国文化中处于缺失状态。好像这两千万美国人就根本不存在似的,就像这两千万的美国人自行消失了似的"④。更令人愤愤不平的是,"美国白人明明知道今天美国的强大是与黑人的血汗、泪水与辛劳付出分不开的"⑤,但他们却不承认美国黑人在美国文化中的地位,让黑人在美国的各种文化形式和产品中处于严重的缺席和失语状态。

在这方面,基伦斯其实又在某种程度上承袭了埃利森提出的"隐身"(invisibility)概念,并对造成黑人这种隐身处境的根源给予了深刻的剖析,认为白人之所以煞费苦心地让黑人处于隐身状态也是因为"黑人在这个国家的经历是对美国的生活方式最根本性的批判。这一事实是美国白人所不愿面对的"⑥。换句话说,"黑人的在场是美国宪法的晴雨表,让人看到种种民主传统尚未实现"⑦。黑人的在场让白人在黑人种族身上犯下的罪恶无处遁形,让白人标榜的人权、民主和法制中的虚伪不攻自破。

---

① Killens, John Oliver. *Black Man's Burden*. New York: Pocket Books,1965: 39.
② Killens, John Oliver. *Black Man's Burden*. New York: Pocket Books,1965: 38.
③ Killens, John Oliver. *Black Man's Burden*. New York: Pocket Books,1965: 38.
④ Killens, John Oliver. *Black Man's Burden*. New York: Pocket Books,1965: 40.
⑤ Killens, John Oliver. *Black Man's Burden*. New York: Pocket Books,1965: 40.
⑥ Killens, John Oliver. *Black Man's Burden*. New York: Pocket Books,1965: 56.
⑦ Killens, John Oliver. *Black Man's Burden*. New York: Pocket Books,1965: 57.

因此,白人最简单,也最粗暴的做法就是让黑人从传媒和文化中消失。对此,基伦斯给予了猛烈的控诉:"你们残忍地剥削了我的祖先,现在你们却否弃了我的孩子们的文化存在,假装他们是看不见的。"①

另外,掌控着话语权的美国白人不但不会主持公道、说出真相,相反,他们当中的那些有着根深蒂固的种族偏见的种族分子还千方百计地颠倒黑白,不断对黑人进行丑化和妖魔化,为白人对黑人的剥削、奴役和压制寻找借口,正如基伦斯所说的那样:"为了证明奴隶制在一个鼓吹自由和平等的新世界里的合理性,奴隶主们就不得不瞎编乱造,说被奴役的人不属于人类,因而不配享有人权和同情。他们首先要做的是说服外国人,让他们相信被奴役的人是低劣的人种。接下来他们还要说服美国人。他们最后要做的事情,也是最恶毒的事情,则是说服奴隶自己,让他们相信他们活该做奴隶。"②

为实现白人的这种卑劣的意图,很多媒体媒介在丑化和妖魔化黑人的过程中起到了爪牙与帮凶的作用,其中不乏文学、影视、漫画、报纸和后来的电视、网络等的参与。这样的例子很多,举不胜举。除了对黑人形象的贬损外,白人中的文人墨客还在文字上做文章,把黑色与很多负面的性质联系起来:"西方世界故意使黑色成为邪恶、丑陋的象征。黑色星期五、黑名单、黑死病、怒目而视、敲诈等词语无不与黑色相关。"③这就让黑人对自己的肤色、对自己的形象,甚至对自己的存在产生了不应有的憎恨心理。这对黑人子弟的心理健康是极为有害的。

他们的努力没有白费,一个特殊的族群——尼格鲁(Negro)人就这么被创造了出来。白人通过各种手段让一个伟大的种族变成"黑鬼"(nigger),并让他们把"黑鬼心理"(nigger feeling)一代一代地传下去,就像一种毒液,毒害了一代代健康的心灵。另外,白人掌控的教育以及教育者们,对黑人的历史事实也不失时机地进行歪曲。基伦斯的女儿巴巴拉(Barbara)的历史老师竟然对学生说"美国内战爆发得过早,那时的奴隶

①　Killens, John Oliver. *Black Man's Burden*. New York: Pocket Books, 1965: 41.
②　Killens, John Oliver. *Black Man's Burden*. New York: Pocket Books, 1965: 54.
③　Killens, John Oliver. *Black Man's Burden*. New York: Pocket Books, 1965: 45.

们还没有做好迎接自由的心理准备,他们在种植园里其实过得很满足、很幸福"①。可见,黑人是不能奢望白人能够真诚地面对历史并说出历史真相的。

在这种情况下,美国黑人只能靠自己的作家、艺术家、知识分子说出真相,揭露美国白人在种族问题上的丑恶嘴脸,从而让黑人子弟重新认识自我,重新树立信心。依靠他们来让黑人破除白人文化长久以来制造的种种迷雾,重新看待自己和本种族的历史和文化,让他们"一直遭受攻击的人格、一直遭受破坏的自我"和人性重新得到修复,让他们对自己有着很高的评价和定位,让他们"知道他们是从哪里来的,这样才能相信他们将有能力到哪里去",因为他们"在为自己创造一个未来之前首先要有一个过去"。② 可以说,基伦斯的这一洞见是极其深刻的,以一种哲学的高度审视黑人子弟的成长和解放问题。

基伦斯深刻地看到,"一个民族需要传奇、英雄、神话,你如果把他们的这些东西剥夺了,你对他们的战争就有一半胜算了"③。所以,"我们必须创作富有英雄、神话与传奇的文学。哈里特·塔伯曼、弗德里克·道格拉斯、奈特·特纳、瑟泽纳·特鲁斯等人的人生经历与华盛顿的相比,同样令人敬畏,而且更加丰富、真切。我们的民族,无论长幼,迫切需要这些英雄"④。显然,这些神话与传奇对黑人重获"失去的自尊"、做到"彼此敬重"有着重要的作用。对于黑人男性而言,这种自尊更是其男性气概建构中不可或缺的要素。

总之,只有赢取话语权,说出历史真相,黑人的隐形人身份才会被改变。基伦斯之所以对黑人的隐身和失语的状态如此深恶痛绝,是因为他清醒地看到,黑人种族这种被迫隐身和失语状态对黑人子弟的人格尊严和种族自信心的建立是很不利的。因为如果黑人子弟在书籍和电视、电

---

① Killens, John Oliver. *Black Man's Burden*. New York: Pocket Books, 1965: 43.

② Killens, John Oliver. *Black Man's Burden*. New York: Pocket Books, 1965: 49.

③ Killens, John Oliver. *Black Man's Burden*. New York: Pocket Books, 1965: 49-50.

④ Killens, John Oliver. *Black Man's Burden*. New York: Pocket Books, 1965: 50.

影等各种媒体中总是看不到自己种族的在场,看不到本种族中的英雄形象被展示、在各种媒介中找不到自己的影子的话,他们就会缺乏归属感,很难形成自我意识和稳固的文化身份,就会感觉自己是局外人和边缘人。而对于黑人男性而言,这种文化身份的缺失则会大大影响其种族的自豪感、自尊心和自信心的建立,永远摆脱不了黑人种族的自卑感,其男性气概的建构也必然会深受影响。可见,黑人话语权的赢取不仅有利于改变黑人这种长期隐身和失语的状态,对于黑人文化身份的确证以及黑人男性气概的建构也有着重要意义。

二、黑人对男性气概痴迷的社会动因

在《黑人的负担》第三篇散文《下南方—上南方》("Downsouth-Upsouth")中,基伦斯则用现身说法的形式直抒胸臆地揭露了在美国,无论北方还是南方,种族歧视都普遍存在的事实。在严酷的种族歧视和迫害下,给黑人男性带来最大创痛的是其男性气概被压抑、被阉割的现状。

作者首先回忆了自己孩童时候发生的一件令他终生难忘的并且令他感到愤恨与屈辱的事情。一天晚上,当他走在大街上时,有辆轿车在他身边停下来,前排座位上有个白人探出头来问:"嗨,小子,你知道我们去什么地方才能弄个黑皮肤的女孩玩玩吗?"[①]年轻的基伦斯对此非常愤慨,他大胆地回敬了对方,并对此进行了痛彻的反思:

> 我喊道:"像往常一样回去玩你老妈去吧!"然后我拼命地跑了起来,眼睛里充满了泪水。我愤怒地向上帝发愿,自己那天晚上如果已经长大成人,已经成为一个响当当的男子汉该多好,但同时我又为自己当时只是个十岁的男孩而不必伸张自己的男性气概感到庆幸。即便在那个年龄,我也敏锐地感受到自己的男性气概刹那间被剥夺了。这也是黑人男性与他的国家抗争的另一项内容——他的男性气概,他作为一名黑人的男性气概,他的

---

① Killens, John Oliver. *Black Man's Burden*. New York: Pocket Books, 1965: 67.

这种男性气概在他被掳掠到这里，成为奴隶的那时起就被剥夺了。①

这段话痛彻地告诉我们，一方面，黑人男性——从孩童时候开始——就要忍受其男性气概被辱没、被剥夺的焦虑和创痛。白人肆无忌惮地问小基伦斯到什么地方去找黑人女孩，表明他们根本无视小基伦斯的男性自尊，是对小基伦斯的人格尊严和男性气概的辱没和挑衅。这是基伦斯，也是绝大多数黑人男性作家在后来的创作中对黑人男性气概如此执着的原因。可以说，男性气概是贯穿基伦斯所有创作的一贯主题，无论是其虚构作品还是非虚构作品。

另一方面，通过小基伦斯事后的矛盾心理活动，这段话也真实地告诉读者黑人男性在面临其男性气概受到挑战，甚至被剥夺时的两难困境。要么起身反抗，其代价有可能是遭受残酷的报复，甚至会死于非命；要么忍气吞声，终生忍受心灵的创伤。这种困境在接下来的一段话中得到了更为清晰的说明："在奴隶制时期，黑人男性得到的最后通牒是：'否弃你的男性气概，要么死路一条！'自从我们戴着锁链被带到这里的那天起，我们就在这个国度里被迫扮演着太监的角色。但现在，在这个历史时刻，无论是在'下南方'，还是在'上南方'，我们都拒绝再做太监。"②在这段话里，基伦斯用"太监"（eunuch）一词形象地表明了在漫长的奴隶制时代黑人男性气概的被剥夺状态及其男性气概所面临的绝望境地。对黑人男性来说，其男性气概成了关系生死的大事。白人之所以千方百计地压制和阉割黑人的男性气概，其目的无非是用黑人男性气概之无来证明白人男性气概之有。这种通过压抑与剥夺他人的男性气概从而彰显和证明自己男性气概的方式显然是卑劣和怯懦的，是缺乏男性气概的表现。这段话也同时表达了作者要伸张与建构长久被压抑的男性气概的信念和决心。

另外，在该文中基伦斯把黑人男性气概与黑人的人格尊严紧密联系

---

① Killens，John Oliver. *Black Man's Burden*. New York：Pocket Books，1965：67.
② Killens，John Oliver. *Black Man's Burden*. New York：Pocket Books，1965：68.

起来。可以说,在基伦斯的认知体系中,黑人的男性气概与人格尊严是同构性的,是彼此相辅相成的,男性气概的建构离不开人格尊严的捍卫,这也是基伦斯极力呼吁黑人子弟维护其人格尊严的原因:"我们黑人必须全力以赴地把我们的绝望变成希望和人格尊严。"①同时,基伦斯还认为黑人的人格尊严是否得到尊重也是衡量美国的伦理道德体系是否完善的标准,正如文中所言:"西方世界的良知状况可以从黑人的境遇中得到体现。如果黑人的人格尊严得不到肯定,美国就根本没有什么道德可言,有的只是道德的沦丧与堕落。"②

三、非暴力的迷思与自我防卫的权利

在《非暴力的迷思与自我防卫的权利》("The Myth of Non-Violence Versus the Right of Self-Defense")一文中,基伦斯质疑了小马丁·路德·金的非暴力的反抗策略,认为金所倡导和践行的非暴力反抗美国种族歧视的方式不应当成为黑人的另一个迷思,认为非暴力反抗只能是一种策略而已,不能因此放弃其他策略,尤其不能放弃必要的武力反抗,因为黑人有自我防卫的权利。

基伦斯认为,长久以来,白人在丑化和妖魔化黑人的过程中,已经给黑人缔造了很多迷思,比如"懒惰与狡猾、愚昧与不负责任、超强的性能力与对性的痴迷等等"③,这些迷思对黑人形象有着极大的负面影响,也是对黑人男性气概极大的污蔑和否定。基伦斯不无讽刺地说:"在 20 世纪中期,当全世界那些被剥夺权利的人纷纷行动起来证明自己的男性气概之时,有人却向世界散布谎言,说美国进化出了一种新的灵长类动物:不会暴力反抗的黑人。"④显然,基伦斯认为不能有效使用暴力是一种缺乏男性气概的表现,在当时也有悖于世界人民积极捍卫自己的男性气概的

---

① Killens, John Oliver. *Black Man's Burden*. New York：Pocket Books, 1965：94.

② Killens, John Oliver. *Black Man's Burden*. New York：Pocket Books, 1965：93.

③ Killens, John Oliver. *Black Man's Burden*. New York：Pocket Books, 1965：99.

④ Killens, John Oliver. *Black Man's Burden*. New York：Pocket Books, 1965：100.

潮流。对此,基伦斯再次重申了黑人男性气概伸张与建构的重要性和迫切性:"正如我在别的场合说过的那样,在美国,黑人男性所经历和体验到的一项永久性的基本剥夺就是对他的男性气概的压制。我相信在哈利·贝拉冯特所唱的最初的几首歌曲中,有一首就是他自己谱写的,歌名是《像男人那样被承认》。"①

　　然而,在一个充满种族歧视、暴力和非正义性的国度里,黑人要想伸张和建构自己的男性气概是异常艰难的。对此,基伦斯显然有着深刻的切身体验:"我小的时候住在佐治亚州的麦肯市。在那里男孩子是永远无法成为男人的,因为在佐治亚州的麦肯市、密西西比州的杰克逊市、亚拉巴马州的伯明翰市,追求男性气概是一件危险的事。"②正是因为黑人男性气概在美国长期被剥夺,黑人男性气概的建构才具有现实的重要性与迫切性。在这种情况下,过度宣扬非暴力的思想对男性气概的建构是不利的,这一点也在文中得到了正面的说明:"男性气概(我们这里所说的男性气概,同时也包含了女性尊严、自我等含意)的一个特点就是自卫的权利。自从黑人戴着锁链被从非洲带到这里以来,在对黑人进行的一成不变而又系统的心理阉割过程中,对自卫权利的剥夺是一项最为有效的方式。"③

　　基伦斯还颇有洞见地发现了种族政治(或种族歧视)与性别政治(或性别歧视)之间逻辑上的同构性,认同了西蒙·波伏娃在两者之间建立起来的关联,认为"西蒙·波伏娃夫人非常恰当地把资本主义社会对女孩子的女性特质的训练与强加在美国黑人身上、以便让他们知道自己的位置并永远安分守己地待在那里的各种压力做了类比"④,并对两者的共通性做了进一步的分析:"两者都体现了同样的自我否定与同样的人性否弃,

---

① Killens, John Oliver. *Black Man's Burden*. New York: Pocket Books, 1965: 100.
② Killens, John Oliver. *Black Man's Burden*. New York: Pocket Books, 1965: 101.
③ Killens, John Oliver. *Black Man's Burden*. New York: Pocket Books, 1965: 101-102.
④ Killens, John Oliver. *Black Man's Burden*. New York: Pocket Books, 1965: 102.

只不过美国黑人所受的规训较之前者具有百倍的专注性与目的性。把黑人男性一点一点地欺压下来，把他们变成太监，就是这一过程的目的。"①

在这方面，基伦斯有着沉痛的切身经历。他在小的时候，一次与其他几个黑人男孩在放学回家的路上受到一帮白人男孩的侮辱和挑衅。很快，双方发生了一场激烈的殴斗。最终，双方在谁也无法占到上风的情况下各自离开了。作者和其他黑人男孩子虽然在殴斗过程中也受了伤，但他们却感受到了抗争所带来的短暂的快意和自豪："我们这些黑人男孩子带着裂开的嘴唇和流血的鼻子回到家里。我们因为校服被撕破而挨了顿鞭子，但我们心里面却无比的自豪和快乐。到了第二天，我们已经把这些抛于脑后。"②没想到，等待他们的是让他们终生难忘的噩梦。一群白人警察闯进教室，野蛮地把与那些白人男孩子发生冲突的黑人男孩子和几个毫无干系的男孩子揪出来，然后用一种更为残忍卑鄙的手段对黑人子弟进行了训诫：

> 接着，惊恐万分的黑人妈妈们被带到了牢房，在警察面前亲手鞭打她们的孩子，训诫他们以后不要再与白人男孩动手。如果她们不这么做，这些黑人男孩将会被送到少年管教所。整个过程中，白人男孩没有一个被传讯到场。白人就是用这样的手段完成了对黑人子弟的教训，这一教训也是每个黑人无论用什么方式都必须吸取的：当他受到白人攻击的时候，他是没有任何自我防卫的权利的；虽然他很清楚自己的人随时被侵犯，但他无论如何都要牢牢记住，对他来说，白人的亲友们是万万不可侵犯的。这个故事最残忍的一面是他们竟然用黑人男孩的母亲们来完成这种训诫。③

---

① Killens, John Oliver. *Black Man's Burden*. New York：Pocket Books，1965：102.

② Killens, John Oliver. *Black Man's Burden*. New York：Pocket Books，1965：104.

③ Killens, John Oliver. *Black Man's Burden*. New York：Pocket Books，1965：104-105.

可见,白人为了时刻让黑人服服帖帖地忍受他们的欺压,所采用的手段可谓残忍至极、卑鄙至极,缺乏最起码的良知和人性,更无任何道德和正义可言。在这种基本的伦理与道德缺失的情况下,法律也仅仅是维护白人利益、镇压黑人的武器。这一惨痛的经历在幼小的基伦斯的心中留下了挥之不去的创伤,这一亲身经历也被写进了他著名的小说《杨布拉德》中。

这一事件之所以对作者的触动如此之大,除了他在这件事情的过程中所感受到的屈辱外,还在于这件事以及类似的事件给黑人的男性气概带来的摧毁性后果:"当黑人男子与妻子在南方城镇的街道上行走时,面对白人男子对他们妻子的污言秽语,他们假装没有听见。因为你如果承认你听到了,你就得像任何男人那样做出反应,就会引发白人的暴怒,那你这条黑人的小命可就岌岌可危了。与一个白人发生争斗就意味着与整个白人组织和机构发生争斗。"①眼看着自己的妻子遭受侮辱而不敢反抗,无疑是男性气概遭受阉割的典型表现。可见白人处心积虑、不择手段地对黑人进行的镇压还是卓有成效的。在黑人与白人接触的场合中,这样的事件经常发生,黑人的男性气概也总是处于被压制与威胁的状态。是忍气吞声地委曲求全,还是冒着生命危险奋起反抗、捍卫自己的男性气概和人格尊严是美国黑人男性时刻都要面对的两难选择。

在此,基伦斯在肯定小马丁·路德·金所选择的非暴力反抗形式在蒙哥马利等地所取得的成绩的同时,也指出了这种方式的局限性,警告人们不要把这种方式变成一种思维定式,一种生活方式,更不能用这种方式取代其他所有的方式:"问题在于,出现了一种把这种策略转变为一种生活方式的趋势。这种不断蔓延的趋势否决了其他的策略,好像非暴力的策略就是通往自由的唯一途径似的。但实际上,通往自由的不仅有阳光大道,还有偏僻小路。在特定的形势下,什么路都有必要走一走。"②

基伦斯如此坚持黑人不要放弃自我防卫的策略,还有其法律上的思

---

① Killens, John Oliver. *Black Man's Burden*. New York: Pocket Books, 1965: 105.

② Killens, John Oliver. *Black Man's Burden*. New York: Pocket Books, 1965: 107.

考。他认为,自卫是一种受法律保护的权利:"自我防卫权利是美国宪法中的一个基本信条。实际上,这种自卫权也是一项最基本的人权,被世界各地的任何民族认可。"[1]在他看来,自卫权比投票权更重要。因为尤其对南方的黑人来说,如果没有自卫权,他们的投票权也无法得到保障。另外,如果黑人没有自我保护的意识,没有人会出面保护他们的人身安全与合法权益:"如果黑人自己不去保卫自己,谁还会保卫他? 治安部门肯定是指望不上的。他们往往恰恰是暴力的维系者。而且联邦政府已经说过它无力也不愿保护美国黑人的人身安全。"[2]

为此,他举了道格拉斯和黑人拳王乔·路易斯(Joe Louis)的例子。众所周知,道格拉斯就是通过与奴隶主考威(Covey)的一次殊死搏斗第一次体验到了其男性气概得以伸张的快感,感受到了自己男性气概的复归,也为广大黑人男性树立了榜样。黑人拳王乔·路易斯在拳击场上的英勇表现为黑人男性树立了另一个男子汉形象,成了黑人男性气概的救赎者:"他经历的每次胜利也是我们的胜利。是的,我们终于开始反击了。我们用一种平时从来不被允许的方式反击了查理先生(笔者按:查理先生在此特指美国白人)。乔是我们内心最深处愿望实现的体现者。通过他,黑人男性气概永久性地得到了救赎。他是用拳头,用以暴制暴的方式——这也是崇尚暴力的民族唯一能够理解的语言——达成这一目的的。"[3]作者如此强调暴力反抗的必要性,还基于这样一个事实——"美国是一个充满暴力的国家"[4],在这样一个充满暴力的国度里,不能一味地奉行非暴力的反抗方式。必要的时候,适当的暴力手段不乏为一种有效的反抗方式,也更是一种捍卫人格尊严与男性气概的必要方式。

---

[1] Killens, John Oliver. *Black Man's Burden*. New York: Pocket Books, 1965: 108.

[2] Killens, John Oliver. *Black Man's Burden*. New York: Pocket Books, 1965: 112.

[3] Killens, John Oliver. *Black Man's Burden*. New York: Pocket Books, 1965: 113.

[4] Killens, John Oliver. *Black Man's Burden*. New York: Pocket Books, 1965: 118.

　　最后,作者义正词严地警告白人种族主义者:"你的黑人兄弟已经难以按捺心中的怒火,他准备拼死一搏,来证明他的男性气概。这是一种残酷的、福音书般的事实。强加在他身上的暴行越多,越是厚颜无耻,他就越发坚信这种暴行是很难用非暴力的方式消除的,只有鲜血才能洗清这几个世纪的堕落。现在轮到美国白人来证明是否还有不同的方式了。但是你们最好动作迅速点,因为我们已经快要忍无可忍了。"①这既是对白人种族主义者的警告,也是黑人男性气概的有力宣言。

　　可以看出,在基伦斯的思想体系中,种族与性别是联系在一起的。黑人男性气概的建构与对种族主义的反抗是密不可分的。用暴力的方式反抗种族压迫,进行自我防卫,此时已经成为黑人男性抗击种族歧视和种族暴力的必要手段。在非裔美国文学中,从道格拉斯到赖特,到基伦斯和马尔考姆·X,再到克利弗,对种族压迫的暴力反抗形式的提倡已经构成了一个清晰的政治和文学传统,是黑人男性捍卫其人格尊严、建构和实践其男性气概的重要途径。虽然这种暴力途径有点极端并且具有相当大的破坏性,但对于备受白人种族主义者欺凌并且在各个方面都缺乏法律保障的黑人来说,该途径也成了他们保障其人身安全和捍卫人格尊严的无奈选择。

第四节　美国黑人男性气概的自白书:《冰上的灵魂》

　　如果基伦斯的《黑人的负担》可以看作美国黑人男性气概的宣言书的话,那么埃尔德里奇·克利弗(Eldridge Cleaver)的《冰上的灵魂》(*Soul on Ice*,1968)则可以堪称美国黑人男性气概的自白书。该作品同样表达了对男性气概的狂热与执着,但与《黑人的负担》有所不同的是,该作品的字里行间流露出作者深切的悔恨和愧疚,为其对男性气概的认知误区感到悔恨,为其扭曲的建构方式以及给他人带来的伤害感到愧疚,有着相当强的自白和忏悔的意味。同时,该作品对美国社会文化在种族和性别等

---

① Killens, John Oliver. *Black Man's Burden*. New York: Pocket Books, 1965: 120-121.

方面泛滥的很多荒谬论调进行了犀利的批判,因此也是一本伐恶檄文。该作品一方面以克利弗本人的真实经历痛彻地披露了黑人男性在建构其男性身份、赢得社会认可与尊重的过程中,在充满种族歧视的美国社会中所经历的痛苦、绝望和创伤,另一方面也表达了他们为重获男性气概、实现自我救赎的决心和信念,再现了他们为此所做的种种努力和尝试,为我们更好地了解 20 世纪 60 年代美国黑人男性气质状貌提供了可靠参照。

一、性征服:扭曲和极端的建构形式

在男性气概研究中,性永远是一个不可或缺的考量因素。在西方现代男性气质体系中,很多时候一个男性的性能力是衡量他是否有男性气概的决定性因素。在这种衡量标准的误导下,性征服就成了证明男性气质的一个惯常方式,也是一种扭曲的建构方式。其中,强奸就是性征服中的一种极端的方式。

在美国,尤其是在美国南方,白人女性成了白人种族主义者压迫、攻击黑人男性的借口。白人种族主义者在把黑人妖魔化为一种性欲亢奋的野兽的同时,顺理成章地把保护白人女性的纯洁与不受黑人男性的玷污当作白人男性"神圣的"使命。在这种荒谬的逻辑下,很多黑人男性成了毒打和私刑的牺牲品。这样的例子在美国历史上举不胜举,埃米特·缇尔(Emmett Till)谋杀案就是这样一个例子。事情发生在 1955 年,来自芝加哥的黑人小伙子埃米特·缇尔到南方的密西西比州去探望亲友,结果被白人谋杀了,而且手段极其残忍。他之所以遭到如此残忍的杀害,据说是因为他曾"与一名白人女性调情"。这件事让克利弗感到无比气愤,在对白人女性充满欲望的同时,也充满了仇恨,甚至认为"对白人女性保持一种敌视的、无情的态度是非常重要的"①。像埃米特·缇尔这样以这种莫须有的荒唐罪名被白人种族主义者随意毒打和杀害的例子还有很多,都给黑人男性的心理带来了严重的伤害和扭曲,《土生子》(*Native Son*,1940)中的比格和《格兰奇·科普兰的第三生》(*The Third Life of*

---

① Cleaver, Eldridge. *Soul on Ice*. New York: Random House, 1991: 31.

Grange Copeland，1970)中早期的格兰奇，都是这种行为的受害者。

出于对白人男性的一种报复心理，在相当大一部分黑人男性心中，与白人女性发生关系，甚至强奸或杀死她们是其男性气概伸张和建构的一种方式，这一点在克利弗身上就有着典型的体现："强奸是一种反叛的行为。它曾经让我感到很愉快，因为强奸是对白人男性法律与价值体系的公然违抗与践踏，是对他们的女人的玷污——我相信这一点对我来说是最让我满足的，因为白人对黑人女性的所作所为让我感到深恶痛绝。"①这种对白人种族主义者的反抗方式当然是非正常的、极端的，其结果必然是让很多无辜的白人女性成了替罪羊。克利弗本人在进入监狱之后开始认识到自己这种思想的偏激，开始为自己的行为深感懊悔，并且试图通过真诚的努力，对以往的罪过进行救赎。

二、监狱中男性气概的重构与自我救赎

监狱可以让人更加堕落，也可以是让人洗心革面、脱胎换骨的场所。在美国监狱里为数众多的黑人中，一些不甘堕落的黑人选择了后者，马尔考姆·X和克利弗就是成功地实现自我救赎的典型例子。富有自我反省精神的克利弗开始了自己作为一个男人的生命规划："我必须弄清楚我是谁，想做什么，应当做个什么样的男人，我如何才能把自己擅长的事情做得最好。"②有了这种自我反省意识与自强不息的欲求，克利弗开始了自我救赎的行动。他以他心目中的英雄马尔考姆·X为榜样，进行了广泛的学习，不断提升自己的素养，开阔自己的视野，正如埃什米尔·里德(Ishmael Reed)在该书的序言中所说的那样："正如他的英雄马尔考姆·X那样，埃尔德里奇·克利弗在服刑期间在狱中学校进行了大量的阅读、写作、沉思，并在与导师们的交流对话过程中塑造着自己的思想风格。在他的追根究底、如饥似渴的思智面前，这些导师显然不是他的对手。"③

---

① Cleaver, Eldridge. *Soul on Ice*. New York: Random House, 1991: 33.

② Cleaver, Eldridge. *Soul on Ice*. New York: Random House, 1991: 34.

③ Cleaver, Eldridge. *Soul on Ice*. New York: Random House, 1991: 2.

从某种意义上讲,克利弗这种敢于自我反省、不甘沉沦、不随波逐流的独立精神与自我发现、自我救赎的行为,本身就实践着一种自立自强的男性气概模式。尤其是他在这种独立精神与自主意识的坚决性与彻底性方面,更是有着卓越的表现,正如他在文中所说的那样:"我当然想尽快出狱,但我要在某一天出去。我更关心的是我出去后自己要成为什么样的人。我知道只要按照我制定的路线走下去,我就会实现我的救赎。如果我遵从的是监狱官们所指定的道路的话,我可能早就出去了。但那样做我就根本算不上一个男人,我会变得软弱无力,而且不知道自己该往哪个方向走,该做什么以及该如何做。"①

可见,有着强烈的男性意识的克利弗已经把其男性气概的伸张与自我身份的建构结合起来,与自我更新和救赎结合起来,不再依靠暴力等外在因素,而是更加强调一种内在的精神力量,按照内心的良知行事。上段中他的话对当今男性气概的认知与建构依然有着深刻的启示意义。

三、内在性、灵魂性与精神性的回归

通过真诚彻底的自我反省和坚持不懈的努力,克利弗的男性气概建构摆脱了对暴力和性征服的依赖,实现了向内在性、灵魂性与精神性的回归。在这一过程中,马尔考姆·X显然起到了重要的精神感召作用。在克利弗眼里,马尔考姆是众多黑人囚徒学习的榜样,让他们看到救赎的希望,而且马尔考姆比其他任何人都更好地表达了广大黑人的抱负与梦想。克利弗之所以对马尔考姆如此敬重与崇拜,主要是因为后者代表了他心目中的男性形象与男性气概。的确,在很多黑人男性心目中,马尔考姆是他们心目中男性气概的集中再现,正如奥西·戴维斯(Ossie Davis)给马尔考姆的悼词中所说的那样,"马尔考姆就是我们的男性气概,我们活生生的黑人男性气概!对于广大黑人来讲,这就是他的意义所在"②。

得知他的偶像马尔考姆被残忍杀害的消息后,克利弗怒不可遏,发出

---

① Cleaver, Eldridge. *Soul on Ice*. New York: Random House, 1991: 36.
② Cleaver, Eldridge. *Soul on Ice*. New York: Random House, 1991: 84.

了极具血气的怒吼："我们一定要获得我们的男性气概。我们一定要获得它，否则我们就要踏平这个世界！"①这句话再现了当代美国黑人男性对其男性气概的强烈诉求，表达了他们要获得男性气概的决心。这看似充满血腥味的黑人男性气概的宣言主要表达了对邪恶势力的愤慨以及要获得男性气概的坚定信念。

然而，有着脱胎换骨般蜕变的克利弗，已经不赞成用血腥、暴力和征服等手段来践行其男性气概，这一点在他对白人以往的英雄主义的批判中得到了一定的体现。在他看来，白人旧有的英雄主义在于"建立起可耻的殖民主义与帝国主义大厦；英雄人物往往以对国内外的人民进行剥削为业，这种剥削又是建立在白人优越论神话上的"②。这些英雄人物形象现在连当代的一些稍微开明一点的白人都为之感到羞愧，他们是"奴隶的捕获者、奴隶主、谋杀犯、屠夫、侵略者、压迫者"的别称。由此可见，克利弗在倡导和建构黑人男性气概的过程中，注意到了白人男性气概模式中暴力、征服、剥削等有悖人性的因素，因而有意识地与之保持了批判的距离。

克利弗对美国现代男性气质的批判还体现在他对这种男性气质的一个思想基础——社会达尔文主义的揭示方面。在他看来，美国白人男性气质模式是建立在人人为己、适者生存的强盗伦理基础上的："拳击场是美国男性气质集中体现的场所，是用拳头证明男子气概的地方，而重量级拳王就是真正的美国先生的象征。在一种赞同'人人为己'的强盗逻辑的文化中，社会达尔文主义中的'适者生存'理论不但没有消亡，而且在自由竞争的党派构成的政体中、在由得与失构成的狗咬狗式的经济系统中、在真相远不及辩护律师的技巧与社会关系的反动司法体系中大有回头之势。就人与人之间的关系层面，这种伦理的逻辑制高点则是弱者生来就是弱者，他注定是要成为强者的猎物。"③显然，建立在这种"丛林法则"基础之上的男性气质模式，凭靠的是对武力与暴力的维护，是以征服、控制，

---

① Cleaver, Eldridge. *Soul on Ice*. New York：Random House，1991：84.

② Cleaver, Eldridge. *Soul on Ice*. New York：Random House，1991：90-91.

③ Cleaver, Eldridge. *Soul on Ice*. New York：Random House，1991：108.

甚至杀戮等暴力行为为保障的，是典型的支配性男性气质模式，也是一种缺乏道德维度的男性气质模式。

克利弗看到了新的男性气质建构过程中道德维度的重要性，把道德因素纳入男性气质体系，这也为性别和男性气质研究拓宽了视野。可以说，只有把道德范畴纳入进来，男性气质的研究才更具有超越性，才更具有人性高度。对于这种建立在"丛林法则"上的白人男性气质模式，克利弗还有着进一步的描述："他们对男性气质的那点蒙昧的理解无非也是简单粗糙并充满了暴力与性的野蛮拼凑，一种要么是对武力的运用与崇拜，要么是对武力的臣服与恐惧的二元思维模式，这种模式也是美国男人与女人之间关系遭到破坏的一个重要因素。"①这种以武力与暴力为基础的男性气质显然只会使人与人之间充满竞争与冲突，缺乏合作与和谐。在此我们不得不承认，在"男性气质成为黑人男性的一块心病的六十年代"②，克利弗能对美国文化中甚嚣尘上的主流男性气质模式保持如此明晰的批判距离，是非常难能可贵的。

克利弗在黑人男性气质建构方面的思考还包含了对个人主义或个人英雄主义的反思，强调了团结与组织的重要性。在美国文化中，独当一面的孤胆英雄、救世主（The One）往往是男子汉形象的代表，这也不可避免地使其男性气质体系中具有个人主义或个人英雄主义的色彩。在对黑人男性气质模式的探讨中，克利弗对此提出了警告。他认为当时在美国的2300万黑人是美国白人中间的特洛伊木马，是一股不小的力量，但如果不懂得团结与组织，那么他们就没有什么战斗力可言："但如果他们像一盘散沙而且内部矛盾重重的话，就会不堪一击。就目前来看，他们还没有组织起来，这让人感到非常痛心。当前他们最需要的就是团结和组织，但绝大多数黑人还只是说说而已。我们今天的处境是，在这块风云变幻、糟糕透顶的土地上，有上千个分裂并且软弱无力的群体和组织无法为了共同的事业而并肩作战。每个美国黑人都打心眼里希望有一个能够为黑人

---

①　Cleaver, Eldridge. *Soul on Ice*. New York：Random House，1991：110.

②　Cleaver, Eldridge. *Soul on Ice*. New York：Random House，1991：2.

的共同利益发出声音的组织。"①从一定程度上讲，这也是黑人命运共同体意识的集中体现。

决定成立这样一个组织的人就是马尔考姆·X——克利弗心目中的偶像和男子汉。他决心成立一个"非裔美国联合组织"（Organization of Afro-American Unity），以便把美国在种族问题上犯下的种种罪行诉讼到联合国。虽然马尔考姆·X在该组织正式成立之前就被枪杀了，但"成立非裔美国联合组织的这一理念则是马尔考姆·X死前留给他的同胞的最后遗产"②。在此我们看到，克利弗在黑人男性气质模式的探寻过程中清醒地与白人男性气质中的个人主义保持批判的距离，有意识地引入集体主义精神和共同体意识，把黑人个体的男性气质的建构与黑人种族的解放结合起来，把个人的男性尊严与黑人集体的荣辱结合起来，让性别问题与种族问题在这一层面上实现了再次交叉。

克利弗在探寻和建构黑人男性气质的过程中还反思和批判了白人种族主义者为了贬损黑人的人格尊严与男性气概而人为制造的"白人有头脑而黑人只是肌肉发达"的刻板印象，避免黑人男性陷入白人为其制造的"超级肌肉男"的神话。白人男性为了在黑人男性面前显示其优越性，把自己塑造成"无所不能的管理者"（Omnipotent Administrator）的形象，把黑人男性贬斥为"超级男工"（Supermasculine Menial）的形象。也就是说，"白人想扮演头脑的角色，而把我们等同于肌肉，即扮演身体的角色"③。这种所谓的超级男工其实就是"一种没有头脑、性情粗暴的劳力，地道的奴隶"④。对头脑与肉体有了以上界定后，"头脑"所代表的白人也就顺理成章地控制了"身体"所代表的黑人。而黑人要想摆脱这种魔咒的控制，就要颠覆这种男性形象，就要打破这种头脑与身体对立的二元思维模式，实现头脑与身体的统一。

结　语

　　通过对以上几个重要学科领域代表性学者主要著述的梳理可以看出：社会学让我们看到了权力关系在现代男性气质体系中扮演的重要角色，看到了男性气质的政治维度；文化人类学让我们看到了男子气概这一传统男性气质文化概念在全球范围内存在的文化基础，看到了男子气概在人类历史和现实生活中所起到的重要作用；文化心理学让我们看到了文化对男性和男子气概的利用以及男人如此看重男子气概的心理动因；政治哲学让我们看到了男性气概这一传统男性气质的初始文化思想内涵；而历史文化学则让我们看到了自造男人这一男性气质模式在美国的兴起和蜕变。对这些领域男性气质研究成果的关注对于我们多角度、辩证地审视男性气质并且对其进行全方位、系统的研究具有重要的意义。

　　可以说，在男性气质研究方面，人文学科，尤其是文学大有可为之处，真正男性气质理想的建构需要人文精神的参与，需要借助道德人格和美德伦理的力量。从一定意义上讲，如何看待男性气质的问题也是怎样看待人性的问题，而人性恰恰是人文学科的一个核心命题。然而遗憾的是，人文学科在男性气质话题方面的学科优势和潜力还没有得到充分发挥，所取得的研究成果也没有得到足够的重视。

　　与社会学研究视角汗牛充栋的文献相比，以道德或德性等人文视角对男性气质进行研究的文献则非常匮乏，正如学者叙泽特·希尔德所言，"带着这些问题，我又翻阅了一下有关男性气质的诸多文献。结果发现，明确以道德维度对之进行研究的文献少之又少"①。这样带来的一个直接后果就是,男性气质被编织在一个权力网络系统中,成为父权制的同谋,男性嗜权成瘾,成了权力和政治的动物,男性气质的丰富性被阉割,男性气质研究的视野被窄化,男性气质的超越性被忽略,男性研究领域沦为权力博弈的角斗场,这也必将让男性气质的研究价值大打折扣,甚至会对世人产生误导。

必须承认,无论男权主义还是女权主义,权力和权利都是其角逐的对象,因而也应当是一个需要重点关注的对象。然而如何真正实现两性平等和性别公正,则需要借助更多的力量。因为性别问题更多的是一种文化观念、社会习俗和伦理问题,它不是,至少不完全是政治或法律问题,因此很难用政令和法律对之进行管制。性别问题,尤其是私人空间中的两性问题的解决更多地需要一种文化自觉,需要对男性气质和女性气质等文化命题的正确认知,需要借助道德、情感和人的超越性力量,而这些恰恰是人文学科重要的关注对象。因此我们有必要提出新时代男性气质人文重构的课题,把男性气质从权力魔咒中解放出来,在历史、文化和现实生活中对之进行重新定位,去伪存真,因势利导,以便凝聚人文学科的研究成果,形成研究合力,为男性气质研究做出本学科应有的贡献。

要想让一种充满正能量的男性气质观念深入人心,就要结合当今人类的生活状态、社会风尚和人们的精神面貌,把男性气质的认知、建构和实践与男性个体人生价值的实现、个体的自我完善和幸福的获得结合起来,就要把男性气质的研究与民族人格的塑造和民族素质的提高结合起来。因为从人生的终极目的和意义来看,"以幸福作为人的终极目标,符合人的本性和人的根本需要"②。然而,幸福的获得与德性有着密切的关联,"要获得幸福,就需要人们实践相应的德性"③,因为"幸福以德性为条

---

① Heald, Suzette. *Manhood and Morality*: *Sex*, *Violence and Ritual in Gisu Society*. London: Routledge, 1999: 1.

② 谢军. 责任论. 上海:上海人民出版社,2007:4.

③ 胡祎赟. 西方德性伦理传统批判. 北京:中国社会科学出版社,2016:137.

件,善影响着幸福的实现,德与福是一致的"①。

　　要想获得幸福,没有健全的道德人格是不行的。幸福还要以责任为内容,"幸福是对高贵心灵的抚慰和奖赏,是对责任担负的一种回报。一个幸福的人不可能没有责任,一个没有责任的人根本就无法获得真正长久的幸福"②。生之为人,就要面对他人的审视和评价,就要在家庭和社会中承担责任,男性更不例外。肩负责任,就要承受心理压力甚至焦虑,就要忍受肉体的苦痛。要想做出成就,就要拥有美德,就要形塑道德人格,就要克制欲望。而很多时候,责任和社会角色又是按照性别角色来执行和实施的,那种试图消弭两性差异、取消性别角色意识的思想和做法是不利于和谐社会的建构的。因此,只有把男性气质与男性的幸福、道德人格、责任等深层生命诉求和社会担当结合起来,男性气质研究才会有深度,才会有一种催人向上的正能量。这也是让当今男性走出男性气质危机的一条重要出路。

　　总之,我们要对已有的研究成果进行取长补短、兼容并蓄和融会贯通,并且在此基础上利用人文学科的丰厚思想和文化资源,不断丰富对男性气质的认知,为世人呈现男性气质的完整图景。在研究宗旨方面,男性气质的人文研究要把男性健康的道德人格建构看作是男性气质研究的一个重要目标。在运思方式方面,要在内与外、精神与肉体、责任与权利、自我与社会等诸多被认为对立起来的因素之间获得平衡。另外,从历时的角度看,要打通男性气概、男子气概等传统男性气质与现代男性气质的研究脉络,在继承传统男性气质中的优良精神品质、摒弃那些陈旧落后的刻板成见和流俗的同时,吸纳现代男性气质中的合理思想内涵和新的理念,有效抵制其在价值取向和评判标准方面的种种误导性因素,从而在男性气质的认知、建构与实践方面为世人提供学理上的启示。这也是一个文学研究者为男性气质这一跨学科的复杂文化命题和学术概念所做出的思考。

---

①　谭德礼.道德自觉自信与公民幸福感的提升.道德与文明,2013(3):118.

②　谢军.责任论.上海:上海人民出版社,2007:5.

参考文献

Arnold, Matthew. *Essays in Criticism*. London: Macmillan and Co., 1865.

Auger, Philip. *Native Sons in No Man's Land: Rewriting Afro-American Manhood in the Novels of Baldwin, Walker, Wideman, and Gaines*. New York: Garland Publishing, Inc., 2000.

Bederman, Gail. *Manliness & Civilization: A Cultural History of Gender and Race in the United States, 1880—1917*. Chicago: The University of Chicago Press, 1995.

Bertens, Hans. *Literary Theory: The Basics*. New York: Routledge, 2008.

Cleaver, Eldridge. *Soul on Ice*. New York: Random House, 1991.

Du Bois, W. E. B. *The Souls of Black Folk*. New York: Bantam Books, 1903.

Friedan, Betty. *The Feminine Mystique*. New York: Dell, 1974.

Gilmore, David D. *Manhood in the Making: Cultural Concepts of Masculinity*. New Haven: Yale University Press, 1990.

Goffman, Erving. *Stigma: Notes on the Management of Spoiled Identity*. Englewood Cliffs: Prentice-Hall, 1963.

Gregg, Stephen H. *Defoe's Writings and Manliness: Contrary Men*. Farnham: Ashgate Publishing Limited, 2009.

Heald, Suzette. *Manhood and Morality: Sex, Violence and Ritual in Gisu Society*. London: Routledge, 1999.

Hemingway, Ernest. *The Old Man and the Sea*. New York: Scribner, 2003.

Hooks，Bell. *We Real Cool：Black Men and Masculinity*. New York：Routledge，2004.

Jeffers，Jennifer M. *Beckett's Masculinity*. New York：Palgrave Macmillan，2009.

Killens，John Oliver. *Black Man's Burden*. New York：Pocket Books，1965.

Kimmel，Michael S. *Manhood in America：A Cultural History*. New York：Oxford University Press，2006.

Kimmel，Michael S.，Jeff Hearn，R. W. Connell. *Handbook of Studies on Men & Masculinities*. Thousand Oaks，CA：Sage Publications，2005.

Lemelle，Anthony J. *Black Masculinity and Sexual Politics*. New York：Routledge，2010.

Malti-Douglas，Fedwa. *Encyclopedia of Sex and Gender（Vol. 3）*. Detroit：The Gale Group，2007.

McDonnell，Myles. *Roman Manliness：Virtus and the Roman Republic*. New York：Cambridge University Press，2006.

Mansfield，Harvey C. *Manliness*. New Haven：Yale University Press，2006.

Reeser，Todd W. *Masculinities in Theory：An Introduction*. Chichester：Wiley-Blackwell，2010.

Roberts，Andrew Michael. *Conrad and Masculinity*. London：Macmillan Press，2000.

Seidler，Victor J. *Transforming Masculinities，Men，Cultures，Bodies，Power，Sex and Love*. London：Routledge，2006.

Stoltenberg，John. *The End of Manhood：A Book for Men of Conscience*. New York：Plume，1994.

阿诺德. 文化与无政府状态——政治与社会批评. 韩敏中，译. 北京：生活·读书·新知三联书店,2008.

鲍迈斯特. 部落动物:关于男人、女人和两性文化的心理学. 刘聪慧,刘洁,袁荔,等译.北京:机械工业出版社,2014.

贝尔.非洲裔美国黑人小说及其传统.刘捷,潘明元,石发林,等译.成都:四川人民出版社,2000.

布劳迪.从骑士精神到恐怖主义:战争和男性气质的变迁.杨述伊,等译.北京:东方出版社,2007.

陈立乾.男权体制下的牺牲品:《包法利夫人》中艾玛人生悲剧解读.前沿,2011(24):200-202.

成程.《包法利夫人》的悲剧命运与女性主义建构.湖北经济学院学报(人文社会科学版),2016(8):114-115.

褚蓓娟.激情·理想·超越:浅析包法利夫人及其相似性格类型的悲剧原因.台州师专学报,1998(2):29-31.

董岳州.《苔丝》与《包法利夫人》中男性人物形象对比分析.绥化学院学报,2011(12):120-121.

方刚.男公关——男性气质研究.北京:群众出版社,2011.

方刚,罗蔚.社会性别与生态研究.北京:中央编译出版社,2009.

福楼拜.包法利夫人.张道真,译.上海:上海文艺出版社,2007.

龚静.销售边缘男性气质——彼得·凯里小说性别与民族身份研究.成都:四川大学出版社,2015.

赫斯特豪斯.美德伦理学.李义天,译.南京:译林出版社,2016.

侯小珍.性格决定命运:探析包法利夫人的悲剧根源.甘肃高师学报,2017(8):25-27.

胡祎赟.西方德性伦理传统批判.北京:中国社会科学出版社,2016.

吉登斯.社会学(第五版).李康,译.北京:北京大学出版社,2009.

康奈尔.男性气质.柳莉,张文霞,张美川,等译.北京:社会科学文献出版社,2003.

李小江.女性/性别的学术问题.济南:山东人民出版社,2005.

李雁劼.爱玛艺术情结透视:包法利夫人悲剧再探.西安外国语学院学报,2006(2):78-80.

李杨.美国"南方文艺复兴":一个文学运动的阶级视角.北京:商务印书

馆,2011.

曼斯菲尔德.男性气概.刘玮,译.南京:译林出版社,2009.

米切尔.飘(上下).黄健人,译.北京:中央编译出版社,2015.

彭俞霞.荫蔽的联袂演出:《包法利夫人》二线人物创作探微.外国文学评论,2008(1):149-153.

尚玉峰.《包法利夫人》的女性主义解读.中华女子学院山东分院学报,2008(5):61-65.

斯迈尔斯.品格的力量.柏雅,译.北京:时事出版社,2014.

苏兹曼,塔西亚,奥瑞里.未来男性世界.康赟,等译.北京:首都师范大学出版社,2006.

泰森.当代批评理论实用指南(第二版).赵国新,等译.北京:外语教学与研究出版社,2014.

谭德礼.道德自觉自信与公民幸福感的提升.道德与文明,2013(3):117-120.

特里林.诚与真.刘桂林,译.南京:江苏教育出版社,2006.

王海明.新伦理学.北京:商务印书馆,2008.

王琼.从《包法利夫人》看福楼拜的男性世界.台州学院学报,2014(1):20-25.

吴佳佳.《包法利夫人》的文学伦理学解读.名作欣赏,2017(9):32-33.

伍荣华.物化爱情的悲剧:论《包法利夫人》中爱玛的爱情误区.苏州教育学院学报,2014(3):47-50.

谢军.责任论.上海:上海人民出版社,2007.

张晨阳.当代中国大众传媒中的性别图景.北京:中国传媒大学出版社,2010.

周梦洁.爱玛的生死爱欲:用精神分析学分析《包法利夫人》.南昌教育学院学报,2017(2):17-19.

朱刚.二十世纪西方文论.北京:北京大学出版社,2006.

朱茜.论《包法利夫人》悲剧的必然性.北方文学(下旬),2017(6):85-85.

索 引

D

F

G

H

后　记

　　与男性气质这一学术命题结缘已经有十年之久。最早对这个文化命题和学术概念感兴趣并非因为受了男性气质研究理论著作的影响，当时我并不知道 R．W．康奈尔这一男性气质的领军人物是何许人也。但在对著名的非裔美国作家欧内斯特·盖恩斯（Ernest Gaines）的小说进行文本细读的过程中发现，男性气概几乎是贯穿其所有小说的主题。对于这一主题，不仅有他的文学性的表征，而且在对他的访谈录中有对男性气概的直陈性的表达。随着对这一话题的持续关注，我发现这一话题不仅是一个重要的文学主题和文化命题，而且是性别研究中的一个核心概念，有重要的现实意义和学术价值。于是我在博士论文中对欧内斯特·盖恩斯小说中的男性气概思想内涵和建构策略进行了系统研究，并在此基础上出版了《危机与建构：欧内斯特·盖恩斯小说中的男性气概研究》（2011）。

　　随着我对非裔美国文学的深入了解，以及阅读范围的进一步拓展，我发现男性气概是贯穿整个非裔美国文学的重要文学命题。在世界文学中，非裔美国文学在男性气概的书写方面也最具典型性，对当今人类男性气概或男性气质的认知无疑是一笔丰厚的思想资源。尤其值得关注的是，文学作品中书写的男性气概无论在思想内涵上，还是价值取向和评判标准上，都与社会学中所研究的男性气质有着很大的区别。于是我以此为选题申请并完成了一个国家社科基金项目，出版了学术专著《非裔美国文学中的男性气概研究》(2017),希望文学领域的男性气质研究不要片面地遵从社会学男性气质研究路线,而是要有自己的学科意识和文化立场,要为这一话题做出本学科应有的贡献。

但在研究过程中我也发现,对于男性气质这个复杂的文化命题和学术概念,国内学界之所以一边倒地采用社会学研究视角,主要是因为对其他学科领域的研究成果还缺乏关注和全面把握,而要想对这个由国外学界引入的概念有个深入的了解,就要对国外几个主要学科领域中的男性气质研究成果进行全面把握,于是就有了这本《跨学科视野下的男性气质研究》的构想。希望这本专著无论在世人对男性气质的认知方面,还是学界对男性气质的研究方面,都起到一定的促进作用。

除了本书所关注的几个学科之外,肯定还有其他一些学科和著作同样值得关注;而在本书所关注的几个重要学科中,也肯定还有其他的学者和著作同样值得关注,有很多有价值的思想值得学习和借鉴。但由于时间和篇幅所限,其他的学科、学者、专著和学术思想就只能在以后的研究中探讨了。

与常识性的理解和认知有所不同的是,作为一个学术概念和研究领域,男性气质是性别研究领域的两大核心概念之一,是一个非常复杂、有着极为丰富的内涵与外延的文化命题和学术概念,不仅与男性的身份认同和生命价值有关,直接影响着男性个体的思想和行为,而且与种族、阶级、性别、伦理、政治、战争、民族身份和国家形象等诸多因素有着密切关联,有着相当大的现实意义和社会价值。

然而多年的研究经历让我感觉到,这是一个较为艰涩的学术领域,要想在这一复杂的学术专题上面不断取得突破和创新并非易事,需要一定的信念和勇气,需要深厚的学养和开阔的视野。在从事这一学术专题的研究过程中,我有幸得到了国内外很多专家学者的真诚指导和支持,在此向他们表示衷心的感谢。他们的学术眼光和判断,他们的学术真诚,给了我在这条艰涩的学术道路上一直走下去的勇气和力量。

　　这本专著的出版得到了浙江大学文科教师教学科研发展专项和国家社会科学基金项目后续基金资助,在此表示感谢。浙江大学出版社副总编辑张琛女士对本书的选题给予了大力支持,编辑董唯女士在书稿的审校和修改过程中付出了辛勤的汗水,在此表示衷心的感谢。

　　本书存在的不当之处,还望广大学术同仁批评指正。

隋红升

2018 年 6 月于杭州雅仕苑寓所

图书在版编目（CIP）数据

跨学科视野下的男性气质研究 / 隋红升著. —杭州：
浙江大学出版社，2018.8（2025.10 重印）
ISBN 978-7-308-18540-0

Ⅰ.①跨… Ⅱ.①隋… Ⅲ.①男性－气质－研究
Ⅳ.①B848.1

中国版本图书馆 CIP 数据核字（2018）第 191747 号

跨学科视野下的男性气质研究

隋红升　著

责任编辑	董　唯	
责任校对	董齐琪　杨利军	
封面设计	周　灵	
出版发行	浙江大学出版社	
	（杭州市天目山路 148 号　邮政编码 310007）	
	（网址：http://www.zjupress.com）	
排　　版	杭州青翊图文设计有限公司	
印　　刷	杭州钱江彩色印务有限公司	
开　　本	710mm×1000mm　1/16	
印　　张	14.5	
字　　数	234 千	
版 印 次	2018 年 8 月第 1 版　2025 年 10 月第 3 次印刷	
书　　号	ISBN 978-7-308-18540-0	
定　　价	58.00 元	